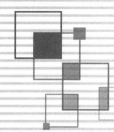

高等职业院校信息与计算机类"十三五"规划教材

计算机应用基础

主　编　管胜波　周竟鸿　徐　霞

副主编　冯　越　叶　倩　王宁圻

　　　　孙自立　戴婷婷

参　编　明素华　胡智芳　姜一鸣

　　　　张　赢

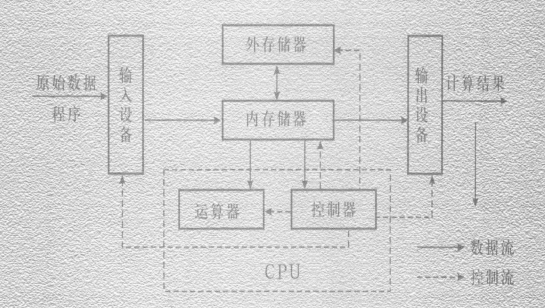

西安交通大学出版社
XI'AN JIAOTONG UNIVERSITY PRESS

图书在版编目(CIP)数据

计算机应用基础/管胜波,周竟鸿,徐霞主编.—西安:西安交通大学出版
社,2018.6(2020.9重印)
ISBN 978 - 7 - 5693 - 0701 - 6

Ⅰ.①计⋯ Ⅱ.①管⋯ ②周⋯ ③徐⋯ Ⅲ.①Windows操作系统-教材
②办公自动化-应用软件-教材 Ⅳ.①TP316.7②TP317.1

中国版本图书馆 CIP 数据核字(2018)第 139895 号

书 名	计算机应用基础	
主 编	管胜波　周竟鸿　徐　霞	
责任编辑	郭鹏飞	

出版发行	西安交通大学出版社
	(西安市兴庆南路1号　邮政编码710048)
网 址	http://www.xjtupress.com
电 话	(029)82668357　82667874(发行中心)
	(029)82668315(总编办)
传 真	(029)82668280
印 刷	陕西金德佳印务有限公司

开 本	787mm×1092mm　1/16　　印张 15.75　　字数 384 千字
版次印次	2018 年 8 月第 1 版　2020 年 9 月第 3 次印刷
书 号	ISBN 978 - 7 - 5693 - 0701 - 6
定 价	39.00 元

读者购书、书店添货,如发现印装质量问题,请与本社发行中心联系、调换。
订购热线:(029)82665248　(029)82665249
投稿QQ:21645470
读者信箱:21645470@qq.com

前　言

随着信息技术、计算机技术的飞速发展及计算机教育的普及推广,教育部对高等学校计算机基础课程提出了更新、更高的要求。

本书结合当前信息技术与计算机技术的发展以及对高职学生的社会需求,以培养和提高学生计算机的应用能力为目标,介绍了计算机基础知识、Windows 操作系统及其应用、Word 文字编辑、Excel 电子表格、PowerPoint 电子演示文稿、常用工具软件等内容,旨在让大学生能够了解信息技术,熟练地使用计算机,真正把计算机当做日常学习和生活的工具。

本书坚持学以致用的原则,强调应用性,采用任务驱动、问题牵引的讲解方法,突出学习的目的性和主动性,体现"做中学,做中教"的教学理念,语言简洁,并在问题叙述过程中,注意突出原理和操作目的,使学生在完成本课程的学习后,掌握基本的信息技术,办公自动化的基础能力得到提升。

本书在文中有大量图片和视频信息化内容,使学生学习起来更生动,直观。

本书也可供广大计算机爱好者参考还可作为自学和培训的阅读资料。

感谢本书所参阅、引用的信息、资料的作者所给予的理解与支持。

编　者

2018 年 4 月

目　录

模块一　计算机基础知识

【任务描述】新入学的大学生小张,为满足在校期间的专业学习需求,准备购置一台计算机。为更好地购置和使用计算机,他准备先学习计算机的相关基础知识,熟悉计算机基础概念,掌握计算机主要部件以及部件的连接与使用方法等内容。

任务一　认识计算机

一、计算机的概念

电子计算机是一种能按照指令对各种数据和信息进行自动化加工处理的电子设备。如今计算机已广泛应用到各行各业。

二、计算机的发展过程

1946 年 2 月,世界上诞生了第一台电子数字计算机 ENIAC,用于计算弹道轨迹,如图 1-1 所示。

图 1-1　ENIAC

ENIAC1946 年 2 月 14 日诞生于美国的宾夕法尼亚大学。ENIAC 长 30.48 米,宽 6 米,高 2.4 米,占地面积约 170 平方米,有 30 个操作台,重达 30 多吨,耗电量 150 千瓦,造价 48 万美元。它包含了 17 468 根真空管(电子管),7200 根晶体二极管,1500 个中转,70 000 个电阻器,10 000 个电容器,1500 个继电器,6000 多个开关,计算速度是每秒 5000 次加法或 400 次乘法,是使用继电器运转的机电式计算机的 1000 倍,手工计算的 20 万倍。

根据计算机构成的基本部件的电子器件发生的几次重大变化,人们将计算机的发展做了如下划分。

1. 第一代计算机(1946—1957 年)

第一代计算机主要采用电子管作为计算机的基本逻辑部件,具有体积大、笨重、耗电量多、可靠性差、速度慢、维护困难等特点;使用机器语言来进行程序的开发设计;主要用于科学计算领域。其中具有代表意义的机器有 ENIAC、EDVAC、EDSAC、UNIVAC 等。

2. 第二代计算机(1958—1964 年)

第二代计算机的电子元件采用半导体晶体管,计算速度和可靠性都有了大幅度的提高。人们开始使用计算机高级语言(如 Fortran 语言、COBOL 语言等)。这一时期的典型产品有 IBM1400 和 IBM1600 等,如图 1 - 2 所示。

图 1 - 2　第二代计算机

3. 第三代计算机(1965—1970 年)

第三代计算机的电子元件主要采用中、小规模的集成电路,计算机的体积、质量进一步减小,运算速度和可行性进一步提高,如图 1 - 3 所示。这一时期具有代表意义的机器有 Honey-well6000 系列和 IBM360 系列等。

图 1 - 3　第三代计算机

4. 第四代计算机(1970 年至今)

第四代计算机是采用大规模集成电路和超大规模集成电路制造的计算机,并不断向微型化、系统化、智能化的方向进行发展和更新。在第四代计算机的发展过程中,仅以 Intel 公司为微型机研制的微处理器(CPU)而论,它就经历了 4004、8080、8086、80286(见图 1 - 4)、80386、80486、Pentium、Pentium Pro、Pentium Ⅱ、Pentium Ⅲ、Pentium Ⅳ 和酷睿等若干代。

图 1 - 4　80286 计算机

三、计算机的应用领域

1. 科学计算(数值计算)

科学计算是计算机最重要的应用之一,如工程设计、地震预测、气象预报、火箭和卫星发射等都需要由计算机承担庞大复杂的计算任务。

2. 数据处理(信息管理)

当前计算机应用最为广泛的是数据处理。人们用计算机收集、记录数据,经过加工产生新的信息形式。

3. 过程控制(实时控制)

计算机是生产自动化的基本技术工具,在综合自动化系统中,计算机赋予自动控制系统越来越大的智能性。

4. 计算机通信

现代通信技术与计算机技术相结合构成联机系统和计算机网络,计算机网络的建立不仅解决了一个地区、一个国家中计算机之间的通信和网络内各种资源的共享,还可以促进和发展国际上的通信和各种数据的传输与处理。

5. 计算机辅助工程

如计算机辅助设计(CAD)、计算机辅助制造(CAM)、计算机辅助教学(CAI)、计算机辅助测试(CAT)等,即利用计算机高速处理的特点辅助完成图形编辑、工业制造、教育教学及产品测试等。

6. 人工智能

人工智能是利用计算机模拟人类某些智能行为的理论和技术,包括专家系统、机器翻译、自然语言理解等。

7. 多媒体技术

多媒体技术是应用计算机技术将文字、图像、图形和声音等信息以数字化的方式进行综合处理,从而使计算机具有表现、处理、存储各种媒体信息的能力。

8. 电子商务

电子商务(E—Business)是指利用计算机和网络进行的商务活动,电子商务向人们提供新的商业机会、市场需求以及各种挑战。

9. 信息高速公路

信息高速公路是用光纤和相应的软件及网络技术,把所有的企业、机关、学校、医院等以及普通家庭连接起来,使人们做到无论何时、何地都能以最好的方式与自己想联系的对象进行信息交流。

四、计算机系统的组成

一个完整的计算机系统包括计算机硬件系统和计算机软件系统两大部分,如图 1-5 所示。计算机硬件系统是指构成计算机的各种物理装置,计算机软件系统是指为运行、维护、管理、应用计算机所编制的所有程序和数据的集合。

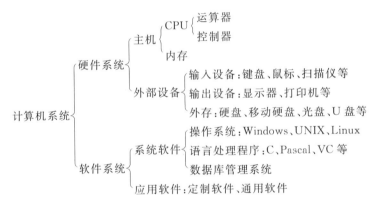

图 1-5 计算机系统的组成

(一)计算机硬件系统

计算机硬件系统一般由运算器、控制器、存储器、输入设备和输出设备五大部分组成。

1. 运算器

运算器是对数据进行加工处理的部件,通常由算术逻辑部件和一系列寄存器组成。它的功能是在控制器的控制下对内存或外存中的数据进行算术运算(加、减、乘、除)和逻辑运算(与、或、非、比较、移位)。

2. 控制器

控制器是计算机的神经中枢和指挥中心,控制器的功能是依次从存储器中取出指令、翻译指令、分析指令,并向其他部件发出控制信号以指挥计算机各部件协同工作。运算器和控制器通常被合成在一块集成电路的芯片上,称为中央处理器(Central Processing Unit,CPU)。

3. 存储器

存储器的主要功能是存储程序和各种数据,并能在计算机运行过程中高速、自动地完成程序或数据的存取。存储器采用具有两种稳定状态的物理器件来存储信息,这些器件称为记忆元件。在计算机中采用两个数码"0"和"1"的二进制来表示数据。记忆元件的两种稳定状态分别表示为"0"和"1"。计算机中处理的各种字符,例如英文字母、运算符号等,也要转换成二进制代码才能存储和操作。

存储器用来存储程序和数据,通常分为内存储器和外存储器。内存储器简称内存,又称主存储器,主要用于存放计算机运行期间所需要的程序和数据,如图1-6所示。内存的存取速度较快,容量相对较小。内存的大小及性能的优劣直接影响计算机的运行速度。外存储器简称外存,又称辅助存储器,用于存储需要长期保存的信息。与内存相比,外存容量大、速度慢。外存主要有磁带、软盘、硬盘、移动硬盘、光盘、U盘等,如图1-7~图1-12所示。

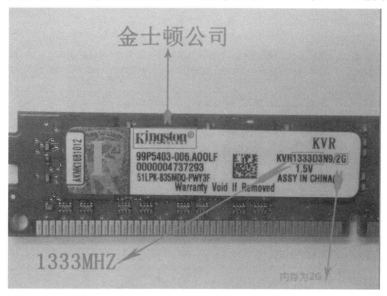

图1-6 3代台式机内存

图1-7 计算机用磁带

(1)按存储介质分类

①半导体存储器:用半导体器件组成的存储器,特点是集成度高、容量大、体积小、存取速度快、功耗低、价格便宜、维护简单,主要分双极型存储器(TTL型和ECL型)和金属氧化物半

图 1-8 软盘

图 1-9 硬盘

图 1-10 移动硬盘

导体存储器（简称 MOS 存储器，有静态 MOS 存储器和动态 MOS 存储器）。

　　②磁表面存储器：用磁性材料做成的存储器，简称磁存储器。它包括磁盘存储器、磁带存储器等，特点：体积大、生产自动化程度低、存取速度慢，但存储容量比半导体存储器大得多且不易丢失。

图 1-11　光盘

图 1-12　U 盘

③激光存储器:信息以刻痕的形式保存在盘面上,用激光束照射盘面,靠盘面的不同反射率来读出信息。光盘可分为只读型光盘、只写一次型光盘(WORM)和磁光盘(MOD)三种。

(2)按存取方式分类

①随机存储器(RAM):如果存储器中任何存储单元的内容都能被随机存取,且存取时间与存储单元的物理位置无关,则这种存储器称为随机存储器(RAM)。RAM 主要用来存放各种输入/输出的程序、数据、中间运算结果以及存放与外界交换的信息和做堆栈用。随机存储器主要充当高速缓冲存储器和主存储器。

②串行访问存储器(SAS):如果存储器只能按某种顺序来存取,也就是说,存取时间与存储单元的物理位置有关,则这种存储器称为串行访问存储器。串行存储器又可分为顺序存取存储器(SAM)和直接存取存储器(DAM)。顺序存取存储器是完全的串行访问存储器,如磁带,其信息以顺序的方式从存储介质的始端开始写入(或读出);直接存取存储器是部分串行访问存储器,如磁盘存储器,它介于顺序存取和随机存取之间。

③只读存储器(ROM):只读存储器是一种对其内容只能读不能写入的存储器,即预先一次写入的存储器。通常用来存放固定不变的信息。如经常用作微程序控制存储器。

(3)按信息的可保存性分类

①非永久记忆的存储器：断电后信息就消失的存储器，如半导体读/写存储器 RAM。

②永久性记忆的存储器：断电后仍能保存信息的存储器，如磁性材料做成的存储器以及半导体 ROM。

（4）按在计算机系统中的作用分

根据存储器在计算机系统中所起的作用，可分为主存储器、辅助存储器、高速缓冲存储器、控制存储器等。为了解决对存储器要求容量大、速度快、成本低三者之间的矛盾，目前通常采用多级存储器体系结构，即使用高速缓冲存储器、主存储器和外存储器。

①高速缓冲存储器：存在于主存储器与 CPU 之间的一级存储器，由静态存储芯片（SRAM）组成，容量比较小但速度比主存储器高得多，接近于 CPU 的速度。在计算机存储系统的层次结构中，是介于中央处理器和主存储器之间的高速小容量存储器。它和主存储器一起构成一级存储器。

②主存储器：简称内存，主要用于存放计算机运行期间所需要的程序和数据。主存储器的存取速度较快，容量相对较小。其大小及性能的优劣直接影响计算机的运行速度。

③辅助存储器：简称外存，用于存储需要长期保存的信息。与主存储器相比，辅助存储器容量大、速度慢，主要有磁带、软盘、硬盘、移动硬盘、光盘、U 盘等。

4. 输入设备和输出设备

输入设备是将信息输入计算机，是外界向计算机传送信息的装置。常用的输入设备有键盘、鼠标、扫描仪、触摸屏、数字化仪、麦克风等。输出设备是将计算机的处理结果转换为人们所能接受的形式并传送到外部媒体。常用的输出设备有显示器、打印机和语音输出系统等。

（二）计算机软件系统

软件是指程序、程序运行所需要的数据，以及开发、使用和维护这些程序所需要的文档的集合。通常将软件分为系统软件和应用软件两大类。

1. 系统软件

系统软件是指控制计算机的运行、管理计算机的各种资源，并为应用软件提供支持和服务的一类软件。通常包括操作系统、语言处理程序和各种实用程序。

（1）操作系统（Operating System，OS）

操作系统的主要功能是管理和控制计算机系统的所有资源（包括硬件和软件）。操作系统是现代计算机必配的软件，其性能很大程度上直接决定了整个计算机系统的性能。常用的操作系统有 Windows，UNIX，Linux，OS/2，Novell Netware 等。

（2）实用程序

实用程序完成一些与管理计算机系统资源及文件有关的任务。实用程序有许多，最基本的有以下五种。

①诊断程序：它能够识别并且改正计算机系统存在的问题。

②反病毒程序：可以查找并删除计算机上的病毒。

③卸载程序：用来从硬盘上安全和完全地删除一个没有用的程序和相关的文件。

④备份程序：把硬盘上的文件复制到其他存储设备上。

⑤文件压缩程序：压缩磁盘上的文件，减小文件的大小。

（3）程序设计语言与语言处理程序

①程序设计语言:是人们与计算机之间交换信息的工具,是软件系统的重要组成部分,一般可分为机器语言、汇编语言和高级语言三类。

机器语言由 0,1 代码组成,是机器唯一能够执行的语言。汇编语言采用一定的助记符来代替机器语言中的指令和数据,该语言也依赖于机器,不同的计算机一般也有着不同的汇编语言。高级语言编写的程序易学、易读、易修改,通用性好,不依赖于机器。但必须经过语言处理程序的翻译,才可以被机器接受。常见的高级语言有面向过程的 FORTRAN、PASCAL 和 C 等,面向对象的 C++、Java 和 Visual Basic 等。

②语言处理程序:对于用某种程序设计语言编写的程序,通常要经过编辑处理、语言处理、装配链接处理,即翻译后,才能够在计算机上运行。

(4)数据库管理系统(DBMS)

数据库是按一定的方式组织起来的数据的集合,它具有数据冗余度小、可共享等特点。数据库管理系统一般具有建立数据库以及编辑、修改、增删数据库内容等数据维护功能;比较常用的数据库管理系统有 FoxPro、Oracle 和 Access 等。

2. 应用软件

应用软件是用户为了解决实际问题而编制的各种程序,如各种工程计算、模拟过程、辅助设计和管理程序、文字处理和各种图形处理软件等。

常用的应用软件有各种 CAD 软件、MIS 软件、文字处理软件、IE 浏览器等。

(三)计算机的基本工作原理

计算机的基本工作主要有以下几个步骤:

(1)通过输入设备将所需要的数据和程序送到存储器中;

(2)计算机启动后,从存储器中取出相应的程序指令送到控制器分析识别该指令需要做什么;

(3)控制器根据程序指令的含义发出命令(算术运算/逻辑运算),取出操作数据,送到运算器中进行运算,将运算所得结果送回存储器指定的单元;

(4)运算结束后,根据指令要求将结果通过特定的输出设备进行输出。

具体工作流程如图 1-13 所示。

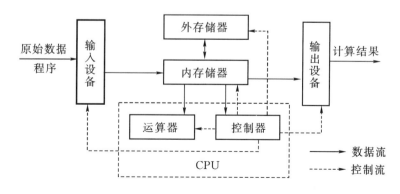

图 1-13 计算机基本工作原理

任务二 存储信息与不同进制转换

一、字符在计算机中的表示

计算机中的信息都是用二进制编码表示的。用以表示字符的二进制编码称为字符编码。字符编码就是规定用怎样的二进制编码来表示文字和符号。字符编码都是以国家标准或国际标准的形式颁布施行的,如位数不等的二进制码、BCD 码(Extended Binary Coded Decimal Interchange Code)、ASCII 码、汉字编码。在输入过程中,系统自动将用户输入的各种数据按编码的类型转换成相应的二进制形式存入计算机存储单元中;在输出过程中,再由系统自动将二进制编码数据转换成用户可以识别的数据格式输出给用户。

(一)ASCII 码

ASCII 码是美国标准信息交换码,被国际标准化组织指定为国际标准。ASCII 码有 7 位码和 8 位码两种版本。国际通用的 7 位 ASCII 码称为 ISO－646 标准,用 7 位二进制数 $B_6 B_5 B_4 B_3 B_2 B_1 B_0$ 表示一个字符的编码,其编码范围从 0000000B—1111111B,共有 $2^7 = 128$ 个不同的编码值,相应可以表示 128 个不同字符的编码。7 位 ASCII 码表如表 1－1 所示,表中对大小写英文字母、阿拉伯数字、标点符号及控制符等特殊符号规定了编码,共 128 个字符。表中每个字符都对应一个数值称为该字符的 ASCII 码值。这 128 个编码中,有 34 个是控制符的编码(00H—20H 和 7FH)和 94 个字符编码(21H—7EH)。计算机内部用一个字节(8 个二进制位)存放一个 7 位 ASCII 码,最高位 b_7 置 0,标准 ASCII 码字符集如表 1－1 所示。

表 1－1 标准 ASCII 码字符集

$B_6 B_5 B_4$ / $B_3 B_2 B_1 B_0$	000	001	010	011	100	101	110	111
0000	NUL	DLE	SP	0	@	P	`	p
0001	SOH	DC1	!	1	A	Q	a	q
0010	STX	DC2	"	2	B	R	b	r
0011	ETX	DC3	#	3	C	S	c	s
0100	EOT	DC4	$	4	D	T	d	t
0101	ENQ	NAK	%	5	E	U	e	u
0110	ACK	SYN	&	6	F	V	f	v
0111	BEL	ETB	'	7	G	W	g	w
1000	BS	CAN	(	8	H	X	h	x
1001	HT	EM	)	9	I	Y	i	y
1010	LF	SUB	*	:	J	Z	j	z
1011	VT	ESC	+	;	K	[	k	{
1100	FF	FS	,	<	L	\	l		

$B_3B_2B_1B_0$ ＼ $B_6B_5B_4$	000	001	010	011	100	101	110	111
1101	CR	GS	—	=	M	]	m	}
1110	SO	RS	.	>	N	^	n	~
1111	SI	US	/	?	O	—	o	DEL

注:SP 代表空格字符

扩展的 ASCII 码使用 8 个二进制位表示一个字符的编码,可表示 256 个不同字符的编码。

(二)汉字编码

ASCII 码只给出了英文字母、数字和标点符号的编码。用计算机处理汉字,同样也需要对汉字进行编码。这些编码主要包括汉字输入码、汉字内码、汉字字形码、汉字地址码及汉字信息交换码等。

1. 国标码(汉字信息交换码)

汉字信息交换码是用于汉字信息处理系统之间或者与通信系统进行信息交换的汉字代码,简称交换码,也叫国标码。我国 1981 年颁布了国家标准《信息交换用汉字编码字符集——基本集》,代号为 GB 2312—80,即国标码。国标码与 ASCII 码属同一制式,可以认为它是扩充的 ASCII 码。这 7 位 ASCII 码可以表示 128 个信息。国标码以 94 个字符代码为基础,其中任何两个代码组成一个汉字交换码,即由两个字节表示一个汉字字符。第一个字节称为"区",第二个字节称为"位"。这样该字符集共有 94 个区,每个区有 94 个位,最多可以组成 94×94 字＝8836 字。

在国标码表中,其中图形符号 682 个,分布在 1—15 区;一级汉字(常用汉字)3755 个,按汉语拼音字母顺序排列,分布在 16—55 区;二级汉字(不常用汉字)3008 个,按偏旁部首排列,分布在 56—87 区;88 区以后为空白区,以待扩展。国标码由区号和位号共 4 位十进制数组成,通常称为区位码输入法。在区位码中,两位区号在高位,两位位号在低位。区位码可以唯一确定一个汉字或字符,反之任何一个汉字或字符都对应唯一的区位码。区位码虽然不是一种常用的输入方式,但是没有重码。

2. 机内码

机内码是指在计算机中表示一个汉字的编码。正是由于机内码的存在,输入汉字时就允许用户根据自己的习惯使用不同的汉字输入码,如拼音法、五笔字型、自然码、区位码,进入系统后再统一转换成机内码存储。机内码一般都采用变形的国标码,即将每个字节的最高位置 1。这种形式避免了国标码与 ASCII 码的二义性,通过最高位来区别是 ASCII 码字符还是汉字字符。

3. 汉字输入码(外码)

汉字输入码是为了将汉字通过键盘输入计算机而设计的代码。汉字输入编码方案很多,其表示形式大多用字母、数字或符号。输入码的长度也不同,多数为 4 个字节。

4. 汉字字形码

汉字字形码是指汉字字库中存储的汉字字形的数字化信息。目前,汉字字形码主要是指汉字字形点阵的代码。

将汉字的字形分解为点阵,如同用一块窗纱蒙在一个汉字上一样,有笔画的网眼规定为1,无笔画的网眼规定为0,整块窗纱上的0,1数码就表示该汉字的字形点阵。汉字的字形点阵有16×16点阵、24×24点阵、32×32点阵等。点阵分解越细,字形质量越好,但所需存储量也越大。

(三)计算机中用到的信息单位

1. 位

位是计算机存储数据的最小单位。计算机内部使用的全都是由0,1组成的二进制数。把二进制数中的每一数位称为一个位(bit,binary digit 的缩写,比特,简写为b)。

2. 字节

字节(Byte)简记为B。一个字节由8位二进制数组成:1 Byte=8 bit(1 B=8 b)。由0,1两个数组成的一个8位二进制数,从00000000、00000001、00000010 一直到11111111,共计有$2^8=256$种变化,也就是说一个字节最多可以有256个值。为了描述大量数据,定义了KB(千字节)、MB(兆字节)、GB(吉字节)、TB(太字节)、PB(拍字节)的概念。

1 KB=2^{10} B=1024 B

1 MB=2^{10} KB=2^{20} B=1024×1024 B

1 GB=2^{10} MB=2^{30} B=1024×1024×1024 B

1 TB=2^{10} GB=2^{40} B=1024×1024×1024×1024 B

1 PB=2^{10} TB=2^{50} B=1024×1024×1024×1024×1024 B

3. 字

字是计算机运算器进行一次基本运算所能处理的数据位数,字的长度就是字长,字长的单位是位。不同的计算机可能具有不同的字长,是计算机运行速度的指标。对速度而言,字长越大,计算机在相同时间内传送和处理的信息就越多,速度就越快;对内存储器而言,字长越大,计算机可以有更大的寻址空间,因此可以有更大的内部存储器;对指令而言,字长越大,计算机系统支持的指令数量就越多,功能也就越强。微型计算机在发展过程中,经过了8位机、16位机、32位机、64位机的历程。

(四)常用的数的进制

1. 十进制数

十进制数有0~9共10个数码,其计数特点以及进位原则是"逢十进一"。十进制的基数是10,位权为10^K(K 为整数)。一个十进制数可以写成以10为基数按位权展开的形式。

2. 二进制数

二进制数只有0和1两个数码,它的计数特点及进位原则是"逢二进一"。二进制的基数为2,位权为2^K(K 为整数)。一个二进制数可以写成以2为基数按位权展开的形式。

3. 八进制数

八进制数中有0~7共8个数码,其计数特点及进位原则是"逢八进一"。八进制的基数为

8,位权为 8^K（K 为整数）。一个八进制数可以写成以 8 为基数按位权展开的形式。

4.十六进制数

十六进制数有 0～9 及 A,B,C,D,E,F 共 16 个数码,其中 A—F 分别表示十进制数的 10～15。十六进制的计数特点及进位原则是"逢十六进一"。

二、各种数制间的转换

八进制数可用括号加下标 8 来表示,如 $(56)_8$,$(234)_8$ 等,以示区别。十六进制数可以用相同的方法来表示,如 $(4D2)_{16}$,$(A42F)_{16}$ 等。由于十进制数的英文是"Decimal",所以可在数字后加上英文"d"或"D"来表示,例如

$$(128)_{10}=128d=128D$$

二进制数的英文是"Binary",可以在二进制数后加上"B"或"b"来表示,例如

$$(11000)_2=11000b=11000B$$

同样,十六进制数可以在数字后加上"H"或"h"来表示,八进制数可以在数字后加上"O"或"o"来表示,例如

$$(3DF)_{16}=3DFH=3DFh,(312)_8=312O=312o$$

(一)二进制、八进制、十六进制与十进制的互换

1.二进制数转换成十进制数

2→10 的方法是"按权展开相加",即利用下式进行:

$$(a_n a_{n-1} \cdots a_1 a_0 a_{-1} a_{-2} \cdots a_{-m})2=\sum a_i \times 2$$

例如:$(10110)_2=1\times2^4+0\times2^3+1\times2^2+1\times2^1+0\times2^0$
$$=16+0+4+2+0$$
$$=(22)_{10}$$

又如:

$(110.1011)_2=1\times2^2+1\times2^1+0\times2^0+1\times2^{-1}+0\times2^{-2}+1\times2^{-3}+1\times2^{-4}$
$$=4+2+0+0.5+0+0.125+0.0625$$
$$=(6.6875)_{10}$$

2.十进制数转换成二进制数

方法分为整数部分和小数部分来进行,整数部分采用除 2 取余法转换,小数部分采用乘 2 取整法转换。用除 2 取余法对整数部分转换的口诀是"除 2 取余,逆序排列",即将十进制整数逐次除以 2,把余数记下来按先得到的余数排在后面,直到该十进制整数为 0 时止,就得到了相应的二进制整数。例如 29,可按如下方法转换得 $(29)_{10}=(11101)_2$

3.八进制数转换成十进制数

按权相加法,即把八进制数每位上的权数与该位上的数码相乘,然后求和即得要转换的十进制数。

例如:$(2374)_8=2\times8^3+3\times8^2+7\times8^1+4\times8^0=(1276)_{10}$

4.十进制数转换成八进制数

十进制数转换成八进制数的方法是:整数部分转换采用"除 8 取余法",小数部分转换采用"乘 8 取整法"。

5. 十六进制数转换成十进制数

按权相加法,即把十六进制数每位上的权数与该位上的数码相乘,然后求和即得要转换的十进制数。

例如:$(2A03)_{16} = 2 \times 16^3 + 10 \times 16^2 + 0 \times 16^1 + 3 \times 16^0 = (10755)_{10}$

6. 十进制数转换成十六进制数

将十进制数转换成十六进制数的方法是:整数部分转换采用"除 16 取余法",小数部分转换采用"乘 16 取整法"。

(二)非十进制数之间的相互转换

1. 二进制数转换为八进制数

因为 $2^3 = 8$,所以三位二进制数对应一位八进制数。

转换方法:"三位合一位",即将二进制数以小数点为中心分别向两边分组,整数部分向左,小数部分向右,每 3 位为一组,如果不够整组,就在两边补 0,然后将每组二进制数分别转换成八进制数。

例如:将二进制数 011010110001.111001 转换成八进制数。

解$(11010110001.111001)_2 = (\underline{001}\ \underline{010}\ \underline{110}\ \underline{001}.\ \underline{111}\ \underline{001})_2$

$$\quad\quad\quad\quad\quad\quad\quad 3 \quad 2 \quad 6 \quad 1 \quad 7 \quad 1$$

$$= (3261.71)_8$$

因此$(11010110001.111001)_2 = (3261.71)_8$

2. 八进制数转换为二进制数

这个过程是上述过程的逆过程,转换方法是将一位八进制数表示成三位二进制数。

例如:将八进制数 $(456.231)_8$ 转换成二进制数。

4	5	6.2	3	1
100	101	110.010	011	001

即$(456.231)_8 = (100101110.010011001)_2$

3. 二进制数转换为十六进制数

因为 $2^4 = 16$,所以四位二进制数对应一位十六进制数。

转换方法是"四位合一位",即将二进制数以小数点为中心分别向两边分组,整数部分向左,小数部分向右,每 4 位为一组,如果不够整组,就在两边补 0,然后将每组二进制数分别转换成十六进制数。

例如:将二进制数 011010110001.111001 转换成十六进制数。

解$(11010110001.111001)_2 = (\underline{0110}\ \underline{1011}\ \underline{0001}.\ \underline{1110}\ \underline{0100})_2$

$$\quad\quad\quad\quad\quad\quad 6 \quad\quad B \quad\quad 1 \quad\quad E \quad\quad 8$$

$$= (6B1.E8)_{16}$$

因此$(11010110001.111001)_2 = (6B1.E8)_{16}$

4. 十六进制数转换为二进制数

这个过程是上述过程的逆过程,转换方法是将一位十六进制数表示成四位二进制。

例如将十六进制数$(2AF4.2D)_{16}$转换成相应的二进制数。

$$2 \qquad A \qquad F \qquad 4.2 \qquad D$$
$$0010 \qquad 1010 \qquad 1111 \qquad 0100.0010 \qquad 1101$$

即$(2AF4.2D)_{16}=(10101011110100.00101101)_2$

5. 八进制数与十六进制数之间的转换

转换方法是将八进制或十六进制先转换成二进制,再由二进制转换成相应的十六进制或八进制。

任务三　认识微型计算机

一、微型计算机的性能指标

1. 字长

字长是指微机能直接处理的二进制信息的位数。如果微机的字长越长,微机的运算速度就越快,运算精度就越高,内存容量就越大,微机的性能就越强(支持的指令多)。

2. 内存容量

内存容量是指微机内存储器的容量,它表示内存储器所能容纳信息的字节数。内存容量越大,它所能存储的数据和运行的程序就越多,程序运行的速度就越高,微机的信息处理能力就越强,所以内存容量是微机的一个重要性能指标。

3. 存取周期

存取周期是指对存储器进行一次完整的存取(即读/写)操作所需的时间,即存储器进行连续存取操作所允许的最短时间间隔。存取周期越短,则存取速度越快。存取周期的大小影响微机运算速度的快慢。

4. 主频

主频是指微机 CPU 的时钟频率,单位是 MHz(兆赫兹)。主频的大小在很大程度上决定了微机运算速度的快慢,主频越高,微机的运算速度就越快。

5. 运算速度

运算速度是指微机每秒钟能执行多少条指令,其单位为 MIPS(百万条指令/s)。由于执行不同的指令所需的时间不同,因此运算速度有不同的计算方法。

二、微型计算机的常用硬件设备

(一)中央处理器 CPU

微型计算机的中央处理器(Central Processing Unit,CPU)习惯上称为微处理器(Microprocessor),它是微型计算机的核心,由运算器和控制器组成,如图 1-14 所示。计算机的一切工作都是受 CPU 控制的,其中运算器主要完成各种算术运算(如加、减、乘、除)和逻辑运算(如逻辑加、逻辑乘和逻辑非运算);控制器负责读取各种指令,并对指令进行分析,作出相应的控制。CPU 作为整个微机系统的核心,往往是各种档次微机的代名词。CPU 的主要技术指标和测试数据可以反映出 CPU 的性能。

图 1-14 CPU

下面是 CPU 主要的性能指标。

1. 主频

主频是 CPU 内核运行的时钟频率。主频的高低直接影响 CPU 的运算速度。一般来说，主频越高，CPU 的速度越快。

2. 前端总线 (FSB) 频率

前端总线也就是所说的 CPU 总线。前端总线的频率（即外频）直接影响 CPU 与内存之间的数据交换速度。

3. CPU 内核工作电压

CPU 内核工作电压越低，则表示 CPU 制造工艺越先进，也表示 CPU 运行时耗电功率越小。

4. 地址线宽度

地址线宽度决定了 CPU 可以访问的物理地址空间。对于 486 以上的微机系统，地址线的宽度为 32 位，最多可以直接访问 4096MB 的物理空间。

5. 数据总线宽度

数据总线宽度决定了 CPU 与二级高速缓存、内存以及输入/输出设备之间的一次数据传输的宽度，386 和 486 为 32 位 (bit)，Pentium 以上 CPU 的数据总线宽度为 64 位。

（二）主板

主板也称"母板"或"主机板"，是主机的核心，如图 1-15 所示。打开机箱，可以看到在机箱底部有一个长方形的电路板，就是计算机的主板。

主板上布满了各种电子元件、插槽、接口等，主要部件如下：

1. CPU 插座及插槽

目前市场上的 CPU 接口形式只有 LGA 插座和 Socket 座两种。主板上有些部件发热量大，所以 CPU、显示卡都安装有散热片或散热风扇。为了系统的稳定，主板上又添置了一片芯片，用于 CPU 及系统的温度监测，以免其过热而被烧毁。

图 1-15 主板

2. 芯片组

芯片组是主板的核心组成部分,它将大量复杂的电子元器件集成在一片或两片芯片上。如果是两片芯片,按照芯片在主板上的排列位置,通常分为北桥芯片和南桥芯片。靠近 CPU 的一块为北桥芯片,另一块为南桥芯片。北桥芯片提供对 CPU 的类型、主频、内存类型和最大容量、PCI/PCI-E 插槽和 ECC 纠错的支持。南桥芯片则提供对 KBC(键盘控制器)、RTE(实时时钟控制器)、USB(通用串行总线)、SATA 数据传输方式和 ACPI(高级能源管理)的支持。

自从 Intel 放弃了双芯片组的设计之后,当前主板多采用单芯片设计,原本属于主板职权范围内的功能被转移到了处理器上。最明显的一点就是内存控制器,这个模块一直是主板芯片组中北桥的工作,但是现在的处理器均已内置了内存控制器,导致主板芯片组的设计大幅简化。

芯片组是主板上(除 CPU 外)尺寸最大的芯片,一般采用表面封装(PQFP)形式安装在主板上,或采用引脚网状陈列(PGA)封装形式插入到主板上的插槽中,有的芯片上还覆盖着一块散热片。

3. 内存插槽

内存插槽是指主板上用来安装内存条的插槽。主板所支持的内存种类和容量都由内存插槽来决定。内存插槽通常成对出现,最少有两个,最多为 8 个,通常是根据主板的板型结构和价格决定。

4. 总线扩展槽

总线是构成计算机系统的桥梁,是各个部件之间进行数据传输的公共通道,在主板上占用面积最大的部件是总线扩展插槽,它们用于扩展 PC 机的功能,也称为 I/O 插槽。总线扩展槽是总线的延伸,在它上面可以插入任意的标准选件,如显卡、声卡、网卡。总线扩展槽可分为 PCI 扩展槽和 PCI-E 扩展槽。主板上还有一些插槽,如 BIOS 芯片、CMOS 芯片电池座、SATA 接口插座、键盘插座、鼠标插座、外部设备接口。

(三)内存储器

内存的性能对计算机的影响非常大。内存用于暂时存放 CPU 中的运算数据,以及与硬盘等外部存储器交换的数据。只要计算机在运行中,CPU 就会把需要运算的数据调到内存中进行运算,当运算完成后 CPU 再将结果传送出来,内存的运行也决定了计算机的稳定运行。内存是由内存芯片、电路板、金手指等部分组成的。

（四）外存储器

外存储器用于存放当前不需要立即使用的信息，包括系统软件、用户程序及数据等。PC机常见的外存储器一般有硬盘存储器、光盘存储器和USB闪存存储器等。

1. 硬盘存储器

硬盘存储器简称硬盘。硬盘由涂有磁性材料的合金圆盘组成，是微机系统的主要外存储器。硬盘按盘径大小可分为3.5英寸、2.5英寸、1.8英寸等。目前大多数微机上使用的是3.5英寸硬盘。硬盘的一个重要性能指标是存取速度。影响存取速度的因素有平均寻道时间、数据传输率、盘片的旋转速度和缓冲存储器容量等。一般来说，转速越高的硬盘，寻道的时间越短，而且数据传输率也越高。一个硬盘一般由多个盘片组成，盘片的每一面都有一个读写磁头。硬盘在使用时，要将盘片格式化成若干个磁道（称为柱面），每个磁道再划分为若干个扇区。

硬盘的存储容量计算公式为：存储容量＝磁头数×扇区数×每扇区字节数(512B)

目前PC机常见硬盘的存储容量为500GB或1000GB。转速对硬盘的性能有着很大的影响，硬盘的转速一般有5400转/分钟、7200转/分钟。硬盘使用时，应注意以下三点。

(1)净化硬盘使用环境，温度保持在10℃～40℃，湿度为20％～80％，要防止干燥产生静电，还要灰尘少、无振动、电源稳定。

(2)数据和文件要经常备份，防止硬盘一旦出现故障或感染病毒而必须对硬盘进行格式化时造成重大损失。

(3)避免频繁开关机器，防止电容充电放电时产生高电压击穿器件。

2. 光盘存储器

光盘是一种利用激光技术存储信息的装置，它具有存储量大、读取速度快、可靠性高、价格低、携带方便的特点。

只读光盘是一种小型光盘只读存储器。其特点是只能写一次，写好后的信息将永久保存在光盘上，用户只能读取，不能修改和写入。一次写入型光盘是可写入光盘，用户可将自己的数据写入到一次写入型光盘中，但只能写入一次，一旦写入后，一次写入型光盘就变成只读光盘。而可擦写光盘可重复写入。DVD光盘是数字视频光盘（Digital Video Disc)或数字通用光盘（Digital Versatile Disc)的缩写。单面的DVD光盘只有0.6mm厚，比CD光盘薄了一半，其容量却有4.7GB。单面DVD光盘的介质还可以分为两层，这样DVD容量扩大到了8.5GB，再把两光盘黏合在一起，就变成了双面双层的17GB的DVD光盘了。

3. USB闪存存储器

USB闪存存储器（Flash RAM)也称U盘或闪存，它使用浮动栅晶体管作为基本存储单元实现非易失存储，不需要特殊设备和方式即可实现实时擦写。闪存是一种新型的移动存储设备，它的优点主要有以下方面。

(1)无需驱动器和额外电源，只需从USB接口总线取电，可热插拔，真正即插即用。

(2)通用性高，读写速度快，容量大。

(3)抗震防潮，耐高低温，带有保护开关，防病毒，安全可靠。

(4)体积小，轻巧精致，时尚美观，易于携带。

（五）打印机

打印机是计算机最常用的输出设备。打印机的种类很多,按工作原理可分为针式打印机、喷墨打印机、激光打印机和热敏打印机。

1. 针式打印机

针式打印机打印的字符和图形是以点阵的形式构成的。它的打印头由若干根打印针和驱动电磁铁组成。打印是通过相应的针头接触色带击打纸面来完成的,通常用来打印需要复写的票据。针式打印机的主要特点是价格便宜、使用方便,但打印速度较慢、噪声大。如图 1-16 所示。

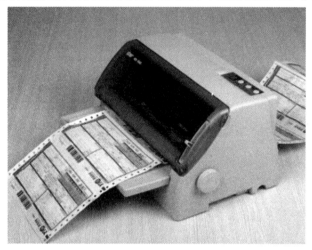

图 1-16　针式打印机

2. 喷墨打印机

喷墨打印机是直接将墨水喷到纸上来实现打印的。喷墨打印机价格低廉、打印效果好,较受用户欢迎,但喷墨打印机对使用的纸张要求高,墨盒消耗较快。如图 1-17 所示。

图 1-17　喷墨打印机

3. 激光打印机

激光打印机的技术来源于复印机,但复印机的光源是灯光,而激光打印机的光源是激光。由于激光光束能聚集成很细的光点,因此激光打印机能输出分辨率很高且色彩很好的图形。激光打印机具有速度快、分辨率高、无噪声等优势,但价格稍高。如图 1-18 所示。

图 1-18　激光打印机

4. 热敏打印机

热敏打印机的工作原理是打印头上安装有半导体加热元件,打印头加热并接触热敏打印纸后就可以打印出需要的图案,其原理与热敏式传真机类似。图像是通过加热,在膜中产生化学反应而生成的。如图 1-19 所示。

图 1-19　热敏打印机

任务四　计算机基本故障的检测及排除

一、计算机故障排除的基本原则

1. 先调查,后熟悉

无论是对自己的电脑还是别人的电脑进行维修时,首先要弄清故障发生时电脑的使用状况及以前的维修状况,还应清楚其电脑的软硬件配置及已使用年限等,做到有的放矢。

2. 先清洁,后检修

在检查机箱内部配件时,应先着重检查机内是否清洁,如果发现机内各元件、引线、走线及金手指之间有尘污物、蛛网或多余焊锡、焊油等,应先加以清除,再进行检修。实践表明,许多故障都是由于脏污引起的,一经清洁故障往往会自动消失。

3. 先外围,后内部

在检查电脑或配件的重要元器件时,不要急于更换或对其内部或重要配件动手,在确认外围电路正常时,再考虑更换配件或重要元器件。若一味更换配件或重要元器件了事,只能造成不必要的损失。从维修实践可知,配件或重要元器件外围电路或机械的故障远高于其内部电路。

4. 先机械,后电气

对于光驱及打印机等外设而言,先检查其有无机械故障再检查其有无电气故障是检修电脑的一般原则。例如 CD 光驱不读盘,应当先分清是机械原因引起的,还是由电气毛病造成的。只有确定各部位转动机构及光头无故障后,才能进行电气方面的检查。

5. 先通病,后特殊

根据电脑故障的共同特点,先排除带有普遍性和规律性的常见故障,然后再去检查特殊的故障,以便逐步缩小故障范围,由面到点,缩短修理时间。

6. 先软件,后硬件

先排除软件故障再排除硬件问题是电脑维修中的重要原则。例如 Windows 系统文件的损坏或丢失可能造成死机故障的产生,因为系统启动过程中,任何环节都不能出现错误,如果存在损坏的执行文件或驱动程序,系统就会僵死在这里。硬件设备的设置问题例如 BIOS,驱动程序的是否完善与系统的兼容性等也有可能引发电脑硬件死机故障的产生。我们在维修时应遵循先软件,后硬件的原则。

7. 先电源,后机器

电源是机器及配件的心脏,如果电源不正常,就不能保证其他部分的正常工作,也就无从检查别的故障。根据经验,电源部分的故障率在机中占的比例最高,许多故障往往就是由电源引起的,所以先检修电源常能收到事半功倍的效果。

二、常见的软件故障及排除方法

1. 丢失文件

要检测一个丢失的启动文件,可以在启动 PC 的时候观察屏幕,丢失的文件会显示一个"不能找到某个设备文件"的信息和该文件的文件名、位置,你会被要求按键继续启动进程。丢失的文件可能被保存在一个单独的文件夹中,或是在被几个出品厂家相同的应用程序共享的文件夹中,例如文件夹\SYMANTEC 就被 Norton Utilities、Norton Antivirus 和其他一些 Symantec 出品的软件共享,而对某些文件夹来说,其中的文件被所有的程序共享。最好搜索原来的光盘和软盘,重新安装被损坏的程序。

2. 文件版本不匹配

绝大多数的用户都会不时地向系统中安装各种不同的软件,包括 Windows 的各种补丁,或者升级系统。这其中的每一步操作都需要向系统拷贝新文件或者更换现存的文件。这时就可能出现新软件不能与现存软件兼容的问题。因为在安装新软件和 Windows 升级的时候,拷贝到系统中的大多是 DLL 文件,而 DLL 不能与现存软件"合作"。在安装新软件之前,先备份 C:\WINDOWS\SYSTEM 文件夹的内容,可以将 DLL 错误出现的几率降低,既然大多数 DLL 错误发生的原因在此,保证 DLL 运行安全是必要的。而绝大多数新软件在安装时也会观察现存的 DLL,如果需要置换新的,会给出提示,一般可以保留新版,标明文件名,以免出现问题。

3. 非法操作

非法操作会让很多用户觉得迷惑,其实软件才是真凶,每当有非法操作信息出现,相关的程序和文件都会和错误类型显示在一起。用户可以通过错误信息列出的程序和文件来研究错误起因,因为错误信息并不直接指出实际原因,如果给出的是"未知"信息,可能数据文件已经损坏,应该检查是否有备份或者厂家是否有文件修补工具。

4. 蓝屏错误信息

要确定出现蓝屏的原因需要仔细检查错误信息。很多蓝屏发生在安装了新软件以后,是新软件和现行的 Windows 设置发生冲突直接引起的。出现蓝屏的真正原因不容易搞清楚,最好的办法是把错误信息保留下来,然后用"blue screen"和文件名、"fatal ex—ception"代码到微软的站点搜索,以便确定原因。但是即使一个特定的软件被破坏,蓝屏也不能确定引起问题的文件,如果在蓝屏上显示了多个信息,那么首先应该搜索第一条。很多蓝屏可以用改变 Windows 设置来解决,大多数情况下需要下载安装一个更新的驱动程序,一些蓝屏与版本有关,应该确定所使用的 Windows 版本,查看设备管理程序可以确定这些信息。

5. 资源不足

计算机在运行期间经常会产生资源不足的提示。一些 Windows 程序需要消耗各种不同的资源组合,GDI(图形界面)集中了大量的资源,这些资源用来保存菜单按钮、面板对象、调色板等;第二个积累较多的资源则是 USER(用户),用来保存菜单和窗口的信息;第三个是 SYS-TEM(系统资源),是一些通用的资源。在程序打开和关闭之间都会消耗资源,一些在程序打开时被占用的资源在程序关闭时可以被恢复,但并不都是这样,一些程序在运行时可能导致 GDI 和 USER 资源丧失,这也就是为什么在机器运行一段时间后最好重新启动一次补充资源的原因。

防止软件故障的五个注意事项:

(1)在安装一个新软件之前,考察一下它与所用系统的兼容性;

(2)在安装一个新的程序之前需要保护已经存在的被共享使用的 DLL 文件;

(3)防止在安装新文件时被其他文件覆盖;

(4)在出现非法操作和蓝屏的时候仔细研究提示信息分析原因;

(5)随时监察系统资源的占用情况;

(6)使用卸载软件删除已安装的程序。

三、常见的硬件故障及排除方法

常见的硬件故障很多,可以分为以下几类:元件及芯片故障;连线与接插件故障;部件引起的故障;硬件兼容引起的故障;跳线及设置引起的故障;电源引起的故障;各种软故障。不管是何种硬件故障一般均可按照如下方法进行排除。

1. 清洁法

很多的计算机故障都是由于机器内灰尘较多引起的,在维修过程中,因该先进行除尘,再进行后续的故障判断与维修。

2. 直接观察法

直接观察法就是通过眼看、耳听、手摸、鼻闻等方式检查机器比较典型或比较明显的故障,如观察机器是否有火花、异常声音、插头及插座是否松动、电缆损坏或管脚断裂、接触不良、虚焊等现象。

3. 拔插法

拔插法是通过将插件板或芯片"拔出"或"插入"来寻找故障原因的方法,采用该方法能迅速找到发生故障的部位,从而查到故障的原因,这是一种非常实用而有效的常用方法。

4. 交换法

交换法是用好插件板、好器件替换有故障疑点的插件板或器件,或者把相同的插件或器件互相交换,观察故障变化的情况,依此来帮助判断故障原因的方法。

5. 程序诊断法

只要计算机还能够进行正常的启动,采用一些专门为检查诊断机器而编制的程序来帮助查找故障的原因,这是考核机器性能的重要手段和常用的方法。

以上前三种方法适应于所有计算机用户,第四种方法一般适应于用计算机较多的机房,而第五种方法则要求备用一些测试软件。在实际应用中,以上方法应结合实际灵活运用,综合运用多种方法,才能确定并修复故障。

任务五 实践操作

1. 到电子市场或网络卖场进行电脑相关配置的实际考察。

新入学的大学生小张,在学习了计算机基础概念等知识,对计算机的各个部件的特点和应用有了一定的了解后,准备购置一台计算机,资金预算为 3500～4000 元。小张到电子市场或者网络卖场进行实际考察,完成了一个配置清单,请填写表 1-2。

表 1-2 计算机配置清单

部件	型号	价格	备注
CPU			
主板			
内存			
硬盘			
显卡			
声卡			
网卡			
显示器			
键盘、鼠标			

部件	型号	价格	备注
音箱/耳麦			
合计			

2. 进行键盘和鼠标的相关练习操作。

3. 将下列各十进制数转化为二进制、八进制和十六进制。

    (1)2.123   (2)347

4. 将下列二进制数分别转化为十进制、八进制和十六进制。

    (1)11001011   (2)1100100.001

5. 将下列十六进制数分别转化为二进制、八进制和十进制。

    (1)A2E   (2)4D.5

模块二 Windows 7 操作系统

操作系统是实现人机交互的媒介。Windows 7 环境下运行的程序与 Windows XP 有着相同的操作方式,要用好计算机就必须熟练掌握操作系统的使用方法。不同的应用领域有着不同的操作系统,我们要能熟练使用常用的主流操作系统,并知道如何去了解与使用一种新的操作系统。

任务一 认识 Windows 7 操作系统

操作系统是一种系统软件,它通过与应用软件、设备驱动程序和实用程序的交互及协同来管理计算机资源。

【任务描述】

小张新进入某公司,公司为他配了一台计算机,该计算机安装了 Windows 7 操作系统。由于小张对新系统不熟悉,所以他准备熟悉系统界面,掌握启动和退出应用程序的方法。同时,为了使屏幕赏心悦目并且使用方便,小张计划对桌面背景、屏幕保护程序和外观等重新进行设置。

【任务分析】

本任务要求对计算机进行显示属性的设置,以达到美观实用的效果。要求掌握应用程序的启动和退出方法,具体应进行如下操作。

(1)设置"开始"菜单的显示。

(2)设置桌面主题。

(3)设置桌面小工具。

(4)启动和退出应用程序。

【任务实现】

对计算机的个性化设置可反映出使用者的风格和个性。可以通过更改计算机的主题、颜色、声音、桌面背景、屏幕保护程序、字体大小和用户账户图片来为计算机添加个性化设置,还可以为桌面选择特定的小工具。

1. 设置"开始"菜单的显示

右击任务栏"开始"按钮,在弹出的快捷菜单中选择"属性"命令,打开"任务栏和「开始」菜单属性"对话框,默认打开"「开始」菜单"选项卡,如图 2-1 所示。

单击"自定义"按钮打开"自定义「开始」菜单"对话框,可以看到在众多的项目中,大多有 3 个选项:不显示此项目;显示为菜单;显示为链接。例如,要将"控制面板"的显示设置为"显示为菜单",如图 2-2 所示,两次单击"确定"按钮后回到"开始"菜单,可以看到"控制面板"显示在菜单命令中了。

在"「开始」菜单"选项卡的"隐私"选项组中,可以设置"开始"菜单的历史记录。如图 2-1 所示,默认是选中状态,如果不希望自己经常使用的程序在"开始"菜单中出现,可以取消选中,

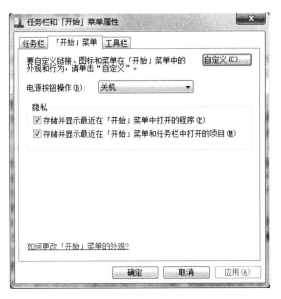

图 2-1 "「开始」菜单"选项卡

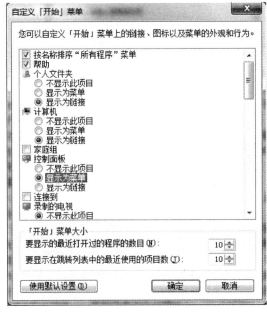

图 2-2 "自定义「开始」菜单"对话框

确定后再打开"开始"菜单,历史记录都不见了。

2. 设置桌面主题

在 Windows 7 操作系统中可通过创建自己的主题,包括更改桌面背景、窗口边框颜色、声音和屏幕保护程序来满足用户个性化的要求。

单击"开始"按钮,在打开的菜单中选择"控制面板"命令,打开"控制面板"窗口,如图 2-3 所示。

单击"外观和个性化"链接,接着在打开的窗口中单击"个性化"链接,打开图 2-4 所示的"更改计算机上的视觉效果和声音"窗口。

图 2-3　"控制面板"窗口

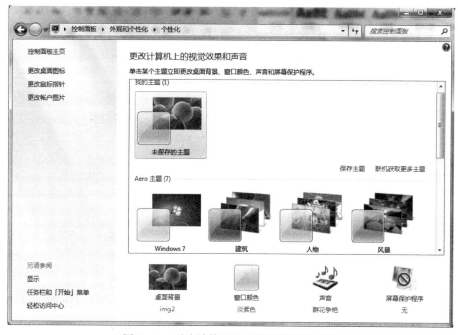

图 2-4　更改计算机上的视觉效果和声音

　　在"更改计算机上的视觉效果和声音"面板中单击"桌面背景"链接，在弹出的"选择桌面背景"面板中选择 Windows 自带的图片或者使用自己的图片。这里选择"场景"中的一系列图片，如图 2-5 所示，单击"保存修改"按钮就完成了桌面背景的设置。桌面背景可以使用单张的图片或幻灯片放映（一系列不停变换的图片）。

图 2-5　选择桌面背景

更换好桌面背景后,如果想要使窗口边框、任务栏和"开始"菜单的颜色与当前主题的颜色关联,在图 2-4 所示窗口中单击"窗口颜色"链接,在打开的"更改窗口边框、「开始」菜单和任务栏的颜色"面板中选择要使用的颜色,如图 2-6 所示,调整好色彩的透明度和浓度,然后单击"保存修改"按钮完成设置。

图 2-6　更改窗口边框、「开始」菜单和任务栏的颜色

　　如果想要更改计算机在发生事件时发出的声音,可以在图 2-4 所示窗口中单击"声音"链接,打开"声音"对话框,在"声音"选项卡的"声音方案"下拉列表框中选择要使用的声音方案,在"程序事件"列表框中选择不同的事件,如图 2-7 所示,然后单击"测试"按钮可听到该方案中每个事件的声音。Windows 7 中附带了多种针对常见事件的声音方案,某些桌面主题有它们自己的声音方案。计算机在发生某些事件时播放声音是指用户正在执行某个操作,例如登录到计算机或者收到电子邮件时发出的警报等。

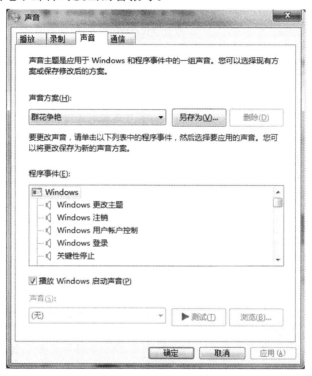

图 2-7　"声音"对话框

　　如果想要添加或更改屏幕保护程序,可以在图 2-4 所示窗口中单击"屏幕保护程序"链接,打开"屏幕保护程序设置"对话框,如图 2-8 所示。在"屏幕保护程序"下拉列表框中选择要使用的屏幕保护程序,单击"确定"按钮完成设置。

3. 设置桌面小工具

　　Windows 7 附带的桌面小工具包括日历、时钟、天气、幻灯片放映和图片拼图板等,如图 2-9 所示。它们能够显示不断更新的标题或图片幻灯片等信息,而不需要打开新的窗口。

　　向桌面添加小工具的方法很简单,在桌面上右击,在弹出的快捷菜单中选择"小工具"命令,在打开的窗口中双击想要添加的小工具图标就可将其添加到桌面。在添加的桌面小工具上右击,还可以自定义小工具,如设置选项、调整大小、前端显示、移动位置等。

4. 启动和退出应用程序

　　在日常使用计算机的过程中,最常进行的操作就是通过 Windows 7 这个操作平台运行各种应用程序。从"开始"菜单启动应用程序。例如,单击"开始"按钮打开"开始"菜单,然后选择"所有程序",在弹出的二级菜单中选择要打开的应用程序即可。

　　在使用完应用程序后,应关闭应用程序以释放应用程序占用的系统资源。另外,常用的启

图 2-8 "屏幕保护程序设置"对话框

图 2-9 桌面小工具

动应用程序方法还有以下两种:一是在桌面上建立应用程序的快捷方式,直接在桌面上双击即可启动;二是进入应用程序所在的目录,选中该应用程序的可执行文件,双击该文件图标也可以启动应用程序。

【必备知识】

一、熟悉操作系统概念与分类

操作系统(Operating System,缩写为 OS)是覆盖在裸机上的第一层软件,用于管理计算机硬件、软件资源,合理地组织计算机的工作流程,协调计算机系统各部分之间、系统与用户之间、用户与用户之间的关系。从用户的角度来看,当计算机安装了操作系统以后,用户不再直接操作计算机硬件,而是利用操作系统所提供各种命令及菜单命令来操作和使用计算机。操作系统的主要功能是处理器管理、存储器管理、输入输出设备管理、文件管理。

在计算机的发展历史中,出现过许多不同的操作系统,其中最为常用的有 DOS、Mac OS、Windows、Linux、UNIX/Xenix 和 OS/2 等。从 1946 年诞生第一台电子计算机以来,它的每一代进化都以减少成本、缩小体积、降低功耗、增大容量和提高性能为目标,随着计算机硬件的发展,同时也加速了操作系统(简称 OS)的形成和发展。

1. 早期的操作系统

最初的电脑并没有操作系统,人们通过各种操作按钮来控制计算机,后来出现了汇编语言,操作人员通过有孔的纸带将程序输入电脑进行编译。这些将语言内置的电脑只能由操作人员自己编写程序来运行,不利于设备、程序的共用。为了解决这种问题,就出现了操作系统,这样就很好实现了程序的共用,以及对计算机硬件资源的管理。

随着计算技术和大规模集成电路的发展,微型计算机迅速发展起来。20 世纪 70 年代中期出现了计算机操作系统。1976 年,美国 DIGITAL RESEARCH 软件公司研制出 8 位的 CP/M 操作系统。这个系统允许用户通过控制台的键盘对系统进行控制和管理,其主要功能是对文件信息进行管理,以实现硬盘文件或其他设备文件的自动存取。此后出现的一些 8 位操作系统多采用 CP/M 结构。

2. DOS 操作系统

计算机操作系统的发展经历了两个阶段。第一个阶段为单用户、单任务的操作系统,继 CP/M 操作系统之后,还出现了 C－DOS、M－DOS、TRS－DOS、S－DOS 和 MS－DOS 等磁盘操作系统。

其中值得一提的是 MS－DOS,它是在 IBM－PC 及其兼容机上运行的操作系统,它起源于 SCP86－DOS,是 1980 年基于 8086 微处理器而设计的单用户操作系统。后来,微软公司获得了该操作系统的专利权,配备在 IBM－PC 机上,并命名为 PC－DOS。1981 年,微软的 MS－DOS 1.0 版与 IBM 的 PC 面世,这是第一个实际应用的 16 位操作系统。微型计算机进入一个新的纪元。1987 年,微软发布 MS－DOS 3.3 版本,是非常成熟可靠的 DOS 版本。从此,微软取得个人操作系统的霸主地位。

从 1981 年问世至今,DOS 经历了 7 次大的版本升级,从 1.0 版到现在的 7.0 版,不断地改进和完善。但是,DOS 系统的单用户、单任务、字符界面和 16 位的大格局没有变化,因此它对于内存的管理也局限在 640KB 的范围内。

3. 操作系统新时代

计算机操作系统发展的第二个阶段是多用户多道作业和分时系统。其典型代表有 UNIX、XENIX、OS/2 以及 Windows 操作系统。分时的多用户、多任务、树形结构的文件系统以及重定向和管道是 UNIX 的三大特点。OS/2 采用图形界面,它本身是一个 32 位系统,不仅可以处理 32 位 OS/2 系统的应用软件,也可以运行 16 位 DOS 和 Windows 软件。它将多任务管理、图形窗口管理、通信管理和数据库管理融为一体。

Windows 是 Microsoft 公司在 1985 年 11 月发布的第一代窗口式多任务系统,它使 PC 机开始进入了所谓的图形用户界面时代。Windows 1. x 版是一个具有多窗口及多任务功能的版本,但由于当时的硬件平台为 PC/XT,速度很慢,所以 Windows 1. x 版本并未十分流行。1987 年底,Microsoft 公司又推出了 MS－Windows 2. x 版,它具有窗口重叠功能,窗口大小也可以调整,并可把扩展内存和扩充内存作为磁盘高速缓存,从而提高了整台计算机的性能,此外它还提供了众多的应用程序。

1990 年,Microsoft 公司推出了 Windows 3.0,它的功能进一步加强,具有强大的内存管理,且提供了数量相当多的 Windows 应用软件,因此成为 386、486 微机新的操作系统标准。随后,Windows 发表 3.1 版,而且推出了相应的中文版。3.1 版较 3.0 版增加了一些新的功能,受到了用户欢迎,是当时最流行的 Windows 版本。1995 年,Microsoft 公司推出了 Windows 95。在此之前的 Windows 都是由 DOS 引导的,也就是说它们还不是一个完全独立的系统,而 Windows 95 是一个完全独立的系统,并在很多方面做了进一步的改进,还集成了网络功能和即插即用功能,是一个全新的 32 位操作系统。1998 年,Microsoft 公司推出了 Windows 95 的改进版 Windows 98,Windows 98 的一个最大特点就是把微软的 Internet 浏览器技术整合到了 Windows 95 里面,使得访问 Internet 资源就像访问本地硬盘一样方便,从而更好地满足了人们越来越多的访问 Internet 资源的需要。Windows 7/Windows 8/Windows 10 已经成为目前实际使用的主流操作系统。

从微软 1985 年推出 Windows 1.0 以来,Windows 系统几乎成为了操作系统的代名词。

经过许多年的迅速发展,操作系统种类越来越多,功能也相差很大,因此,操作系统有各种不同的分类标准,如图 2-10 所示。

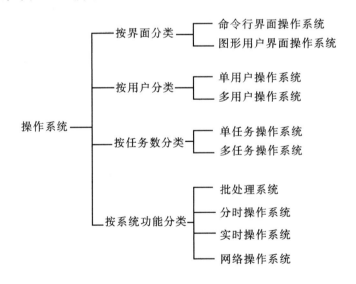

图 2-10 操作系统的分类

（一）按照用户对话的界面分类

（1）命令行界面操作系统：用户只能在命令提示符后输入命令才能操作计算机，如 MS-DOS、Novell 等。

（2）图形用户界面操作系统：所有的命令都组织成菜单或以按钮的形式列出，如 Windows 系列、Red hat Linux 等。

（二）按支持的用户数分类

（1）单用户操作系统：只完成一个用户提交的任务，如 MSDOS、Windows 95/98 等。

（2）多用户操作系统：能够管理和控制由多台计算机通过通信口联结起来组成的一个工作环境并为多个用户服务的操作系统，如 UNIX 等。

（三）按是否能够运行多个任务分类

（1）单任务操作系统：用户一次只能提交一个任务，系统可以同时接受并且下一个任务，如 MSDOS 等。

（2）多任务操作系统：用户一次可以提交多个任务，系统可以同时接受并且处理，如 Windows 系列、Linux 等。

（四）按系统功能（工作方式）分类

（1）批处理系统：用户把作业（程序、资料及说明）一批批地输入系统，然后不再与作业发生交互作用，直到作业运行完毕后，才根据输出结果分析作业运行情况，确定是否需要适当修改再次上机。

（2）分时操作系统：将 CPU 的时间划分成时间片，轮流接收和处理各个用户从终端输入的命令，如 UNIX、Linux 等。

（3）实时操作系统：计算机对输入信息要以足够快的速度进行处理，并在确定的时间内做出反应或进行控制。分两类：实时控制系统（如导弹发射系统、飞机自动导航系统）和实时信息处理系统（如机票订购系统）。常用的有 RDOS 等。

（4）网络操作系统：能够管理网络通信和网络上的共享资源，协调各个主机上任务的运行，并向用户提供统一、高效、方便易用的网络接口，如 Novell、Windows NT 等。

（5）分布式操作系统。也是将地理上分散的独立的计算机系统通过通信设备和线路互相连接起来，但各台计算机均分负荷，或每台计算机各提供一种特定功能，互相协作完成一个共同的任务。在分布式系统中，计算机无主次之分，各计算机之间可交换信息，共享系统资源。分布式操作系统是在物理上分散的计算机上实现的、逻辑上集中的操作系统，它更强调分布式计算和处理，如 Amoeba 系统等。

（五）按其他标准分类

可以根据架构分为单内核操作系统等；根据运行的环境，可以分为桌面操作系统、嵌入式操作系统等；根据指令的长度分为 8bit、16bit、32bit、64bit 的操作系统。实际上，许多操作系统同时兼有多种类型系统的特点，因此不能简单地用一个标准划分。

二、熟悉操作系统 Windows 7 桌面

"桌面"是一种形象的说法,所有的程序、窗口、图标都是在其上显示,启动 Windows 后看到的第一个界面(如图 2-11 所示),就是桌面,即屏幕工作区。Windows 的桌面包括"开始"菜单、图标、任务栏、窗口和背景等。

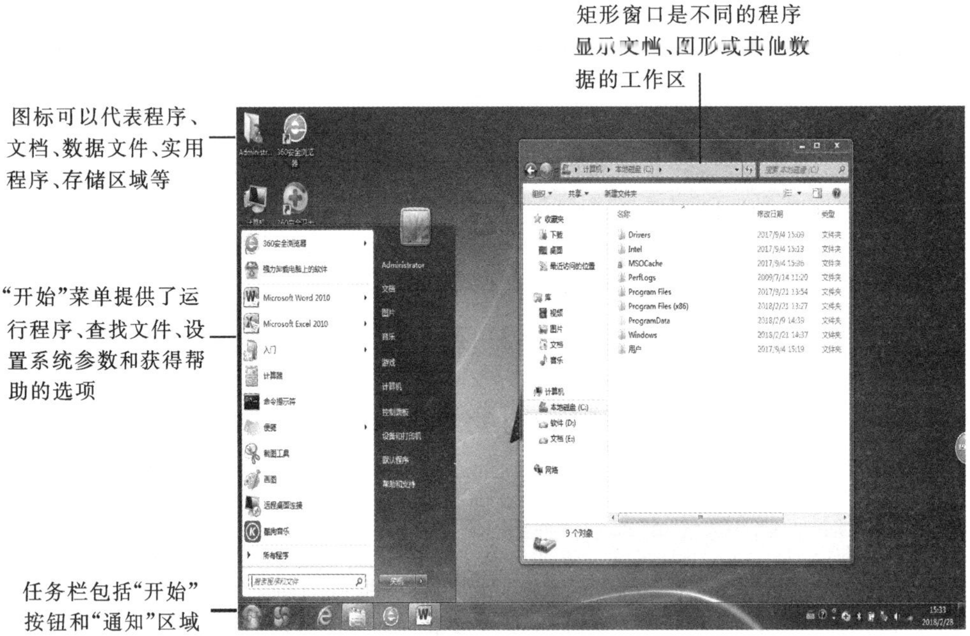

图 2-11   Windows 7 旗舰版桌面

最初的计算机使用的是命令行界面,它需要用户输入熟记的命令来运行程序和完成任务。多数操作系统都允许用户访问命令行用户界面,有经验的用户和系统管理员有时更喜欢使用命令行界面进行故障检查和系统维护。

在"开始"菜单中选择"命令提示符"即可打开命令行用户界面,或者在"开始"菜单→"运行"提示处输入"CMD"后按【Enter】键也可打开命令行用户界面。如图 2-12 所示。

(一)图标

Windows 的各种组成元素,包括程序、驱动器、文件夹、文件等,这些称为对象。图标是代表这些对象的小图像,当双击图标或选中图标后按一下键盘上的【Enter】键,即可打开或显示图标所代表的应用程序、文件以及信息。

(二)窗口和对话框

1. 窗口

运行程序时,会打开程序窗口,在程序窗口执行某一命令时会弹出相应的窗口或对话框。例如,双击桌面上的"计算机"图标,可打开如图 2-13 所示的"计算机"窗口。下面就以该窗口为例介绍"窗口"的结构。

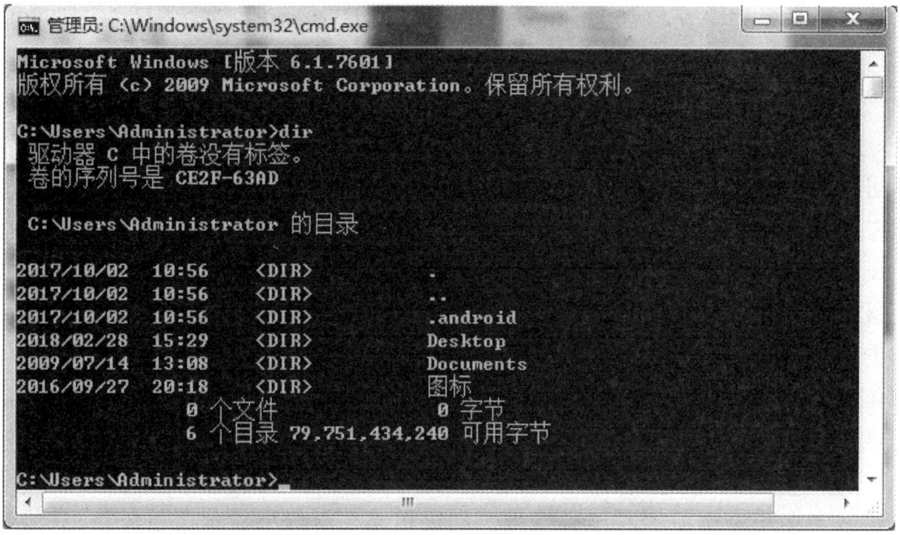

图 2 - 12　命令行界面

图 2 - 13　"计算机"窗口

Windows 7 中虽然依旧沿用了 Windows 窗体式设计,但仔细观察会发现窗口的设计较Windows 之前的版本发生了很大的变化,这使得窗口功能更为强大。这些重大改进让用户能更方便地管理和搜索文件。Windows 7 将 Windows XP 中的资源管理器有机地融合在窗口中,在任一窗口中都可以搜索和管理文件。

窗口的右上角是每个窗口都会有的"最小化""最大化/还原"和"关闭"按钮。单击"最大化"按钮,可以看到窗口占满整个屏幕,并且"最大化"按钮变为"还原"按钮,此时窗口不能移动。再单击"还原"按钮,窗口恢复到最大化前的状态。单击"最小化"按钮,窗口缩小到任务栏上,成为一个小标签。单击任务栏上对应的标签,可以将窗口恢复到原来的位置上。单击"关闭"按钮,可以关闭窗口。

窗口左上角是醒目的"前进"与"后退"按钮,给出了可能的前进方向;其旁边的向下三角按钮给出了浏览的历史记录,其右侧的地址栏给出了当前目录的位置,其中的各项均可单击,帮助用户直接定位到相应层次;再右侧是功能强大的搜索框,在这里可以输入想要查询的搜索项。窗口的第三行是工具栏,其中"组织"选项用来进行相应的设置与操作,其他选项将根据文件夹具体位置的不同,给出其他相应命令项。例如,浏览图片目录时,会出现"浏览幻灯片"项;浏览音乐或视频文件目录时,则会出现"播放"选项。

与 Windows XP 相比,Windows 7 的默认窗口隐藏了菜单栏,那些通过菜单执行的任务由工具栏提供或者在相应选项的右键属性里。如果想要在窗口中显示菜单风格,只需要按【Alt】键即可(再次按下 Alt 键可将其隐藏)。要想更改默认设置,总是显示菜单栏,可依次展开工具栏中的"组织"—"布局"—"菜单栏"选项,选中"菜单栏"选项设置即可。如图 2-14 所示。

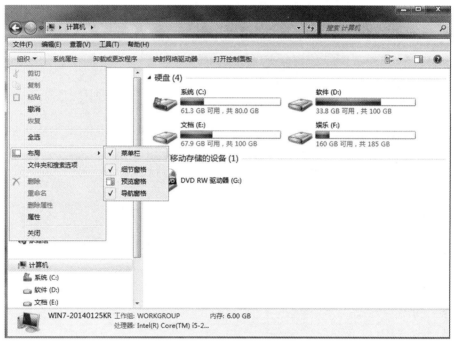

图 2-14　在窗口中显示菜单栏

主窗口的左侧窗格是树状的目录列表,目录列表可折叠或展开。单击目录列表中的某一项,右边信息窗格将显示该项中的全部内容。Windows 窗口的大小不但可通过"最大化/还原""最小化"按钮来调整 3 种显示状态,还可以将鼠示指针放在窗口边缘,通过按住鼠标左键拖动来自由调整窗口的大小。

2. 对话框

对话框与窗口最大的区别是没有"最大化""最小化"按钮,大多数对话框都不能改变大小。

对话框中包括标题栏、选项卡、文本框、列表框、选项区域(组)、复选框、单选按钮等组成元素。

　　对话框是人机交流的一种方式,用户在对话框中进行各项设置,确定后计算机就会执行相应的命令。例如,在任务栏中右击,在弹出的快捷菜单中选择"属性"命令,打开"任务栏和「开始」菜单属性"对话框,如图 2-15 所示。单击选项卡标签可在不同选项卡之间切换,设置选项卡中的选项,单击"确定"按钮后设置的选项就会生效。熟练掌握窗口和对话框的操作,能更有效地提高工作效率。

图 2-15　"任务栏和「开始」菜单属性"对话框

(三)"开始"菜单和任务栏

　　"开始"菜单和任务栏是位于桌面底部的狭长条形栏,单击左边的"开始"按钮可以打开"开始"菜单,右边的区域则是任务栏,可通过任务栏中的按钮在运行的程序间切换。

(四)桌面基本操作

　　桌面的基本操作主要包括以下几种。

　　(1)添加对象:添加对象采用按住鼠标左键拖拽方式,将对象从驱动器、文件夹或"开始"菜单上拖到桌面上。

　　(2)删除对象:放入"回收站"操作,采用选中删除对象后按【Delete】键;直接从计算机删除操作,采用选中删除对象后按【Shift+Delete】组合键。

　　(3)排列桌面图标:桌面上任意空白位置单击鼠标右键,在弹出菜单中单击"排列方式"命令(如图 2-16 所示),可按名称、大小、项目类型、修改日期进行排列;桌面上任意空白位置右击,弹出菜单中单击"查看"命令(如图 2-17 所示),可选择是否自动排序和选择图标显示大小等。

　　(4)创建快捷方式:快捷方式图标提供了其所代表的程序、文件或文件夹的链接,快捷方式的图标都有一个![]标志。添加或删除快捷图标不会影响实际的程序或文件。创建快捷方式有四种方法:

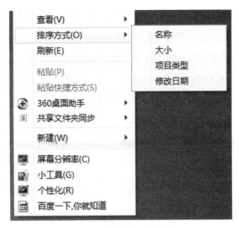
图 2-16　排列桌面图标(1)

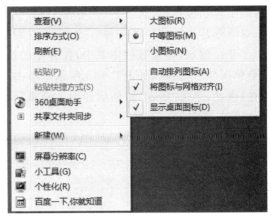
图 2-17　排列桌面图标(2)

①用鼠标右键将文件夹等对象拖到桌面上,然后松开右键并在弹出窗口中左键单击"在当前位置创建快捷方式"命令,如图 2-18 所示。

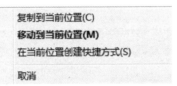
图 2-18　右键拖动创建快捷方式图标

②按【Alt】键的同时用鼠标左键将对象拖到桌面上。

③选中对象,按【Ctrl+C】组合键,再在桌面空白处右击,单击"粘贴快捷方式"命令。

④在"资源管理器"窗口中,右击文件或文件夹,在弹出的菜单中单击"发送到"→"桌面快捷方式"命令或"创建快捷方式",然后将刚创建的快捷方式拖拽(复制、剪切均可)到桌面上。

(5)为快捷方式设置快捷键:鼠标右键单击桌面快捷方式图标,选择"属性"命令,在弹出的快捷方式属性窗口中(如图 2-19 所示)的"快捷键"框内输入一个字母,比如"M",则"快捷键"框内自动显示相应组合键【Ctrl+Alt+M】),单击确定,以后按下预先设置的快捷组合键,与之相对应的文件夹便会随之打开。

图 2-19　创建快捷方式组合键

(6)帮助系统:在设置和使用计算机的过程中,可能会遇到很多问题,都可以在帮助和支持中心找到解决办法。单击"开始"按钮,在弹出的菜单中选择"帮助和支持"命令,打开"Windows 帮助和支持"窗口,如图 2-20 所示。在该窗口中可通过在搜索框中输入关键字搜索问题,也可以通过浏览帮助主题来查询相关问题。

图 2-20　"Windows 帮助和支持"窗口

任务二　管理文件

管理文件主要是对管理对象进行选择、创建、重命名、复制、删除、剪切、粘贴、恢复、修改属性、创建快捷方式、搜索、加密。通过下面具体任务,读者可以体会这些常用的操作方法和技巧,把计算机中的内容管理得井井有条。

【任务描述】

小张作为公司的文员,其计算机中保存有了不少部门文件和资料。现在要为公司制作一个会议宣传资料,需要从公司的各个部门的相关人员处收集更多的资料,如宣传文档、图片、视频等,同时还要结合自己计算机的相关资料进行综合设计。但随着工作的不断深入,用到的素材越来越多,这些文件随意存放,杂乱无章,有时需要的资料又不易找到,给小张的工作造成了阻碍,进展不顺。因此,小张决定对这些文件进行有序的管理。现在,就利用 Windows 7 中关于文件管理的知识,帮助小张来分类和管理这些资料。

【任务分析】

本任务要求对计算机的文件进行整理。整理文件要做到以下两点:首先,要对文件进行分类保存;其次,对重要的文件做好备份。备份就是把重要的文件复制一份存放到其他的地方,以防原文件丢失和破坏。为此,具体应进行如下操作:

(1)C 盘做为系统盘,专门用来安装系统程序和各种应用软件的程序,一般不要将文件和数据存放在 C 盘中。

(2)以 D 盘为数据盘,在 D 盘建立多个文件夹,用来存放会议宣传资料、平时工作所需资料、临时不用的资料等不同类型的文件。文件和文件夹最好用中文命名,见名思义,一目了然。

(3)对于重要的文件,每次必须把文件的最新结果复制一份存放到另外一个盘符或 U 盘中,做为备份保管。

(4)经常清理计算机的垃圾文件,定期清理回收站。

【任务实现】

1. 建立文件夹

打开 D 盘,在 D 盘建立一个新的文件夹"会议资料",具体的步骤如下:

(1)双击桌面的"计算机"图标,在打开的窗口中双击 D 盘驱动器图标,打开 D 盘窗口;

(2)在"文件"菜单中选择"新建"→"文件夹"命令,在文件夹图标下输入"会议资料",按【Enter】键或在空白区域单击即可完成文件夹的建立;

(3)相同的方法可以建立其他的文件夹。

2. 移动文件

把会议所用的文件等相关文字材料移动到"D:\会议资料"文件夹中,其他资料移动到相关的文件夹中。步骤如下:

(1)选中会议所需要的文件,然后执行"编辑"→"剪切"命令将文件放到剪贴板上;

(2)双击"会议资料"文件夹图标打开该文件夹,在打开的窗口中执行"编辑"→"粘贴"命令。这样,文件就成功的移动到目标文件夹;

(3)相同的方法可以将其他杂乱存放的文件,分别移动到所需要的文件夹里。

3. 复制文件

会议资料文件相对比较重要,需要对其进行备份,就要对文件进行复制操作。步骤如下:

(1)选中"D:\会议资料"文件夹,执行"编辑"→"复制"命令;

(2)单击"返回到计算机"按钮,双击 E 盘图标打开 E 盘,执行"编辑"→"粘贴"命令。

4. 重命名文件

选中 E 盘的"会议资料"文件夹,执行"文件"→"重命名"命令,原文件夹名称处于可编辑状态,此时输入"会议原始资料"文字,按【Enter】键或在空白区域单击即可完成重命名的工作。

5. 设置属性

打开 E 盘,右击"会议原始资料"文件夹,在弹出的快捷菜单中选择"属性"命令,打开文件夹属性对话框,选中"只读"复选框,将文件夹属性设置为只读属性,如图 2-21 所示。

6. 删除文件

选择多余不用的文件,执行"文件"→"删除"命令,将该文件删除。或者右键单击要删除的文件,在弹出的快捷菜单中选择"删除"命令,也可以达到相同的目的。

【必备知识】

一、使用资源管理器浏览管理对象

"资源管理器"是 Windows 系统提供的资源管理工具,用户可以用其查看本台计算机的所有资源,特别是通过它提供的树形文件系统结构,能更清楚、更直观地认识计算机的文件和文件夹。在"资源管理器"中还可以很方便地对文件进行各种操作,如打开、复制、移动等。如图 2-22 所示。

图 2 - 21　文件夹属性对话框

图 2 - 22　Windows 7 资源管理器窗口

1. 快速打开 Windows 7 资源管理器的方法和技巧有：

方法一，鼠标左键单击 Windows 7 桌面左下角的圆形开始按钮，点击菜单右列的"计算机"，打开 Windows 7 资源管理器。

方法二,用鼠标右键单击 Windows 7 桌面左下角的圆形开始按钮,如图 2-23 所示,从菜单中选择"打开 Windows 资源管理器",即可打开 Win7 资源管理器。

属性(R)
打开 Windows 资源管理器(P)

图 2-23　从"开始"按钮右键菜单打开资源管理器

方法三,使用键盘,按快捷键【Win+E】打开 Windows 7 资源管理器。

方法四,将资源管理器固定到 Windows 7 任务栏中。

用前面介绍的方法打开 Windows 7 资源管理器,然后在任务栏中的资源管理器图标中点击右键,选择"将此程序锁定到任务栏",以后就可以随时从 Windows 7 任务栏中点击图标打开资源管理器了,不需要固定时只需在任务栏该资源管理器固图标上单击右键,利用左键选择解锁规定即可,如图 2-24 和图 2-25 所示。

图 2-24　将资源管理器图标锁定到 Windows 7 任务栏中

图 2-25　将资源管理器图标从 Windows 7 任务栏中解锁

方法五,双击 Windows 7 桌面"计算机"图标打开 Windows 7 资源管理器。

提示:如果你的 Windows 7 桌面没有"计算机"图标,鼠标左键点击工具栏左下角的圆形开始按钮,然后用鼠标右击菜单的"计算机",在右键菜单中选择"在桌面显示"选项,勾选(见图 2-26)成功后 Windows 7 桌面就会出现我们熟悉的计算机图标了。

另外,在"资源管理器"窗口中使用鼠标拖动的方法实现文件的移动或复制是非常方便的。首先在左侧窗格中展开文件所在的目录,在右侧主窗格中选择需要移动的文件(复制时则按下【Ctrl】键),然后拖动文件至左侧窗格文件夹上方,文件夹会自动展开,找到目标文件夹后松开鼠标即可完成文件的移动(复制)操作。

2. 搜索框

计算机中的资源种类繁多、数目庞大,而"资源管理器"窗口的右上角内置了搜索框。此搜索框具有动态搜索功能。如果用户找不到文件的准确位置,便可以利用搜索框进行搜索。当输入关键字的一部分时,搜索就已经开始了,随着输入关键字的增多,搜索的结果会被反复筛选,直到搜索出所需要的内容,如图 2-27 所示。

无论是什么窗口,如资源管理器、控制面板,甚至 Windows 7 自带的很多程序中都有搜索框存在。在搜索框中输入想要搜索的关键字,系统就会将需要的内容显示出来。

图 2-26　勾选让"计算机"图标在桌面上显示

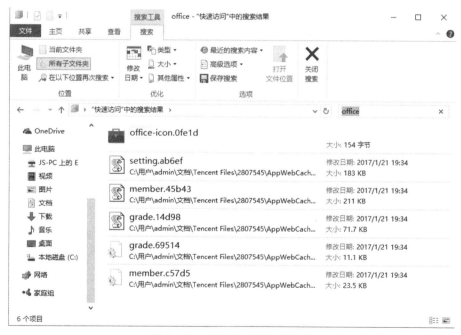

图 2-27　利用搜索框进行搜索

3. 地址栏按钮

地址栏是 Windows 的"资源管理器"窗口中的一个保留项目。通过地址栏,不仅可以知道当前打开的文件夹名称,而且可以在地址栏中输入本地硬盘的地址或者网络地址,直接打开相应内容。

在 Windows 7 中,地址栏上增加了"按钮"的概念。例如,在资源管理器中打开"E:\360Downloads"文件夹后,3 个路径都变成 3 个不同的按钮,单击相应的按钮可以在不同的文件夹中切换。不仅如此,单击每个按钮右侧的三角标记,还可以打开一个下拉菜单,其中列出了与当前按钮对应的文件夹内保存的所有子文件夹。例如,单击"360Downloads"按钮右侧的三角标记"➤",弹出的下拉菜单会显示其中的文件,如图 2-28 所示。

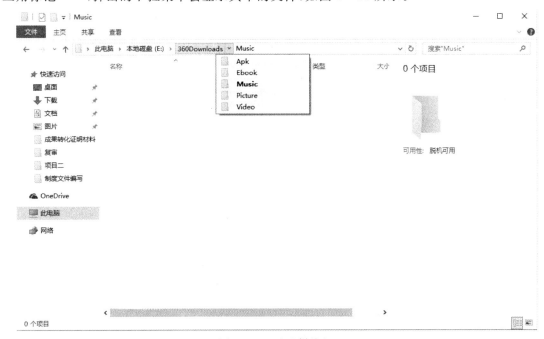

图 2-28 地址栏按钮

4. 动态图标

在 Windows 7 中,通过资源管理器查看文件时除了可以选择"缩略图""平铺"等不同的视图,还可以让图标在不同大小的缩略图之间平滑缩放,这样就可以根据不同的文件内容选择不同大小的缩略图。如图 2-29 所示。

"查看"选项中的"布局"功能区域中提供多种查看方式,例如超大图标、大图标、中图标、小图标、列表、详细信息、平铺和内容等,同时窗口的右下方也提供常见的缩略图和详细信息查看按钮。

5. 预览窗格

资源管理器提供导航窗格、预览窗格和详细信息窗格 3 种查看方式。导航窗格便于查看文件的结构和定位文件的位置。对于某些类型的文件,除了可以用视图模式来查看外,还可以对文件进行预览。默认情况下,预览功能没有开启,在"窗格"功能区域中单击"预览窗格"按钮,可开启文件的预览功能,选择某一个文件时即可在资源管理器的右侧显示文件的预览效

图 2-29　图标的查看方式

果。

在"窗格"功能区域中单击"详细信息窗格"按钮,选中某一文件时,文件的详细信息效果会显示在资源管理器的右侧,如图 2-30 所示。

图 2-30　预览窗格

二、管理文件

1. 文件和文件夹的概念

计算机中的文档、图片、音(视)频等资料都是以文件的形式保存在硬盘中。文件是存储信息的基本单位。文件类型在计算机中有许多种,如图片文件、音乐文件、文本文档、视频文件、可执行程序等类型。在 Windows 7 中,通常用不同图标来表示不同的文件类型。因此,可以通过不同的图标来区分文件类型。

计算机中所说的"文件夹"跟生活中的文件夹相似,可以用于存放文件或文件夹。在文件夹中还可以再储存文件夹,文件夹中的文件夹被称为"子文件夹"。

　　计算机中的文件名称是由文件名和扩展名组成,文件名和扩展名之间用圆点分隔。文件名可以根据需要进行更改,而文件的扩展名不能随意更改,不同类型文件的扩展名也不相同,不同类型的文件必须由相对应的软件才能创建或打开,如扩展名为 doc 的文档只能用 Word 软件创建或打开。

　　文件的命名规则如下:

　　(1)文件名、文件夹名不能超过 255 个字符;

　　(2)不能包含字符:/　\　:*　?　″　<　>　|

　　(3)同一个文件夹中的文件、文件夹不能重名;

　　(4)文件的扩展名表示文件的类型,通过为 1～3 个字符;

　　(5)文件和文件夹名不区分英文大小写字母。

　　扩展名是文件名的重要组成部分,是标识文件类型的重要方式。Windows 7 中的扩展名默认是隐藏的。可以通过以下操作步骤显示文件的扩展名。

　　(1)在"文件夹"窗口中单击"组织"菜单项,在弹出的下拉菜单中选择"文件夹和搜索选项"命令,如图 2-31 所示。

图 2-31　选择"文件夹和搜索选项"命令

　　(2)在打开的"文件夹选项"对话框中切换到"查看"选项卡。取消选中"隐藏已知文件夹类型的扩展名"复选框,如图 2-32 所示。

　　(3)单击"确定"按钮即可显示文件的扩展名。

　　常见的文件类型见下表 2-1。

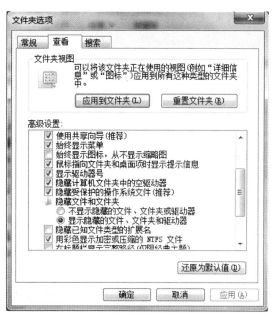

图 2-32 "文件夹选项"窗口

表 2-1 常见的文件类型

类型	含义
.txt	文本文件,所有具有文本编辑功能程序
.docx	Word 文档,Microsoft Word 编辑出的文档
.xlsx	Excel 文档,电子表格文档
.pptx	PowerPoint 文档,演示文稿文档
.ico	图标文件
.gif/.bmp	图形文件,支持图形显示和编辑程序
.dll	动态链接库,系统文件
.exe	可执行文件,系统文件或应用程序
.avi	媒体文件,多媒体应用程序
.rar	压缩文件,WinRAR 等压缩程序
.wav	声音文件

2. 文件和文件夹的选定

对文件和文件夹进行复制、移动或删除等操作,必须先选择文件或文件夹。文件和文件夹的选择主要分三种情况:选择单个文件和文件夹;选择多个连续文件或文件夹;选择多个非连续的文件或文件夹。

(1)选择单个文件或文件夹

选择文件夹既可用鼠标也可用键盘。如果用鼠标选择文件夹,单击需要进行操作的文件夹即可;如果用键盘,则只需输入相对应的键。表 2-2 列出了用键盘选择文件夹所用的按键。

表 2 - 2　选择文件或文件夹的键盘操作

键	功能
↑	选择所选文件夹上面的文件夹
↓	选择所选文件夹下面的文件夹
←	关闭选择的文件夹
→	打开选择的文件夹
Home	选择文件夹列表中的第一个文件夹
End	选择文件夹列表中的最后一个文件夹
字母	选择名字以该字母开始的第一个文件夹.若有必要再按这个字母,直到选择了想要的文件夹为止

（2）选择多个连续文件或文件夹

连续文件是指多个文件之间没有其他任何文件。通过鼠标可以很方便地选择多个连续文件。先用鼠标单击要选择的第一个文件或文件夹。单击文件时,该文件被加亮显示;按住【Shift】键不放,再单击想要选择的最后一个文件或文件夹。第一个选择与最后一个选择之间的所有项目都被加亮显示,即为选中的对象。若要取消选择连续文件或文件夹,在该组之外的某个文件或文件夹或空白处单击鼠标即可。

（3）选择多个非连续文件或文件夹

如果需要选择不相邻的多个文件或文件夹,可以先选择第一个文件或文件夹,然后按住【Ctrl】键不放,依次单击想要选择的文件或文件夹。单击的每一项都加亮显示,并保持加亮显示直到松开【Ctrl】键。取消选择操作时,可以松开【Ctrl】键,再单击空白处即可。

（4）全选和反选

全选的快捷键是【Ctrl+A】键,或者执行"编辑"→"全部选定"命令;执行"编辑"→"反向选择"命令后,则选中的对象被取消选定,未选中的对象则全部选定。

3. 新建文件和文件夹

创建文件夹

（1）在需要创建文件夹的位置右击空白处,在弹出的快捷菜单中选择"新建"→"文件夹"命令;

（2）会新增一个文件夹图标,并且其文件名处于可编辑状态,可以输入文件夹名称;

（3）文件夹名称编辑好后,按回车键或单击空白处,文件夹名称即可确定。

创建文件

创建文件一般是通过软件进行,如通过 Microsoft Office 软件创建 Word 文档。另外,也可以在 Windows 7 系统中直接创建。步骤如下:

（1）与创建文件夹的方法类似,在需要创建文件的位置右击空白处,在弹出的快捷菜单中选择"新建"子菜单,在展开的子菜单中选择要创建的文件类型,如"Microsoft Office Word 文档";

（2）此时会在文件夹中创建默认名称为"新建 Microsoft Office Word 文档"的文件,输入文件的名称后按回车键即可。

4. 查看、复制或移动文件和文件夹

在窗口中，可以通过"视图"按钮来更改文件和文件夹图标的大小和外观。例如，想要查看该窗口中文件的详细信息，可在窗口中单击工具栏上的"视图"下拉按钮，打开对应的下拉列表框。选择"详细信息"视图，可以查看文件的修改日期、文件类型和大小等详细信息。单击某个视图或移动左边的滑块都可更改文件和文件夹图标的外观大小。

另外，对计算机中的资源进行管理时，经常需要将文件或文件夹从一个位置复制到另一个位置，有以下两种操作方式：

(1)使用命令复制文件或文件夹

选中需要复制的文件或文件夹，在"主页"选项中，单击"组织"功能区域中的"复制到"按钮，在弹出的下拉列表框中选择目标文件夹。

如果"复制到"下拉列表中没有需要的目标文件夹，可以通过"选择位置"，打开"复制项目"对话框。选择目标位置后，单击"复制"按钮，即可完成项目的复制。

(2)拖动复制文件或文件夹

除了使用传统的复制加粘贴的操作方法进行文件或文件夹的复制外，在 Windows 7 中还可以使用拖动法进行文件或文件夹的复制。选中文件后，按住【Ctrl】键不放，拖动文件到文件夹上方。如果文件较小，则很快会完成复制；如果文件较大，则显示"正在复制"对话框。

移动文件或文件夹和复制文件或文件夹的区别是：文件或文件夹移动后，原文件不在原来的位置；而复制文件或文件夹则是原文件存在，在新的位置又产生一个文件副本。移动文件或文件夹同样有两种方式：

(1)使用命令移动文件或文件夹

选中需要移动的文件或文件夹后，单击"主页"功能区域中的"移动到"按钮，在弹出的下拉菜单中选择目标文件夹，即可将项目移动到目标文件夹。

如果目标文件夹不在"移动到"按钮的下拉列表中，可以单击"选择位置"按钮，选择目标位置后，即可完成项目的移动。

(2)拖动式移动文件或文件夹

与复制文件的操作类似，移动文件时也可以使用鼠标拖动的方法，直接拖动文件至目标文件夹即可，不需要按【Ctrl】键。

从技术上讲，文件的复制和移动是通过剪贴板进行的，剪贴板是 Windows 系统中经常使用的小程序，当执行复制(按【Ctrl+C】组合键)操作时，被选中的内容会复制到剪贴板中；当执行剪切(按【Ctrl+X】组合键)操作时，被选中的内容会移动到剪贴板中；当执行粘贴(按【Ctrl+V】组合键)操作时，被选中的内容会从剪贴板中粘贴到新文件；剪贴板内容不会自动消失，直至被新的内容所覆盖。

5. 删除文件(夹)及撤销删除文件(夹)

删除文件或文件夹是指将计算机中不需要的文件或文件夹删除，以节省磁盘空间。

要将一些文件或文件夹删除，需要用资源管理器找到要删除文件所在的文件夹。选中需要删除的文件，选择"主页"→"删除"按钮，或按键盘中的【Delete】键，可以将文件移动到回收站中。删除文件时会弹出确认对话框，单击"是"按钮执行删除操作；单击"否"按钮取消删除操作。

文件或文件夹的删除并不是真正意义上的删除操作，而是将删除的文件暂时保存在"回收

站"中,以便对误删除的操作进行还原。在桌面上双击"回收站"图标,打开"回收站"对话框,可以发现被删除的文件,如果需要撤销删除的文件,可以在选择文件后,单击"文件"→"还原"即可将文件还原到删除前的位置。

6.显示与隐藏文件或文件夹

可以通过隐藏文件或文件夹使他人无法发现该文件或文件夹。但是隐藏操作并不是安全保护隐私文件的最好方式。可以通过文件加密和设置文件访问权限的方式来保护机密或隐私的文件。

隐藏文件是普通文件,设置隐藏后的文件仍然存在于硬盘上并占用硬盘的空间。可以通过更改文件属性来使文件处于隐藏状态或取消隐藏状态。

在需要设置隐藏的文件图标右击,在弹出的快捷菜单中选择"属性"命令,打开"文件夹属性"对话框,如图 2-33 所示。在"常规"选项卡中选择"属性"选项组中的"隐藏"复选框,然后单击"确定"按钮,这样,文件就被隐藏了。

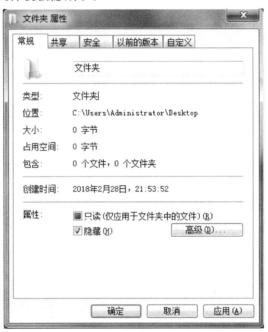

图 2-33 "文件夹属性"对话框

如果某个文件处于隐藏状态,希望将其显示出来,则需要显示全部隐藏文件才能看到该文件。显示隐藏文件和文件夹的具体方法如下:单击"开始"按钮,在弹出的菜单中选择"控制面板"→"外观和个性化"→"文件夹选项"命令,打开"文件夹选项"对话框,如图 2-34 所示。切换到"查看"选项卡,在"高级设置"列表框中选中"显示隐藏的文件、文件夹和驱动器"单选按钮,然后单击"确定"按钮,计算机中的全部隐藏的文件和文件夹就会全部显示出来。再回到文件夹中查看,刚才隐藏的文件和文件夹呈虚化图标显示。

若要取消隐藏属性,可右击文件,从弹出的快捷菜单中选择"属性"命令,在"属性"对话框中取消选中"隐藏"复选框即可。同样的方法可以设置文件的"只读"属性。设置"只读"属性后的文件,只能打开浏览,不能更改文件中的内容。

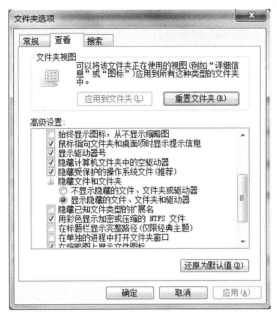

图 2-34　"文件夹选项"对话框

7. 文件和文件夹的属性

利用属性对话框可以查看或设置文件或文件夹的属性。

（1）文件夹属性

在"计算机"或"资源管理器"窗口中，选中要查看或设置属性的文件夹的图标，执行"文件"→"属性"命令；或选中要查看或设置属性的文件夹图标后，单击工具栏的"属性"按钮；或右击要查看或设置属性的文件夹图标，在弹出的快捷菜单中选择"属性"命令，以上方法都可打开文件夹属性的对话框。

对于不同的文件夹，对话框的选项卡数不同，一般都有"常规"和"共享"选项卡。利用"常规"选项卡，可以知道文件夹的类型、位置、大小、占用空间、包括的文件夹和文件数、创建时间和属性，可以利用"属性"选项组中的选项修改文件夹的属性，利用"共享"选项卡，可以设置文件夹的共享。

（2）文件属性

在"计算机"或"资源管理器"窗口中，选中要查看或设置属性的文件的图标，执行"文件"→"属性"命令；或选中要查看或设置属性的文件的图标后，单击工具栏的"属性"按钮；或右击要查看或设置属性的文件的图标，在弹出的快捷菜单中选择"属性"命令，以上方法都可打开文件属性的对话框。

选择的文件类型不同，打开对话框的选项卡数目也不同，一般的对话框都有"常规"和"摘要"选项卡。通过"常规"选项卡，可以知道文件的类型、位置、大小、占用空间、创建时间、修改时间、访问时间和属性，通过"属性"选项组可以修改文件的属性；在"摘要"选项卡中，有标题、主题、作者、类别、关键字、备注，可以根据需要输入。

8. 文件和文件夹的搜索

在"计算机"或"资源管理器"窗口中查找文件或文件夹，可以在打开的某一驱动器或文件夹窗口地址栏右侧的搜索框中输入要搜索的文件或文件夹名称，系统会自动搜索并显示搜索结果。Windows 7 提供了"即时搜索"的功能,在"搜索框"中输入关键词或短语即可搜索需要的文件或文件夹。一旦输入即开始搜索项目。

不仅可以搜索图片,还可以搜索文档、视频、音乐等其他计算机文件。只要搜索关键词结合文件名及通配符和文件的后缀,就可以快速找到需要的文件。搜索时,可以使用通配符" * "和"?"。通配符" * "表示任意字符串,通配符"?"表示任意一个字符。例如,搜索扩展名为 JPG 的所有文件,可以使用" * . JPG"进行搜索;而搜索文件名为两个字符、扩展名为 JPG 的所有文件,则可以使用"?? . JPG"进行搜索。

9. 剪贴板

剪贴板是内存中的一块区域,是 Windows 操作系统内置的一个非常有用的工具,它使得在各种应用程序之间传递和共享信息成为可能。美中不足的是,剪贴板只能保留一份数据,每当新的数据传入后,旧的数据便会被覆盖。剪贴板可以存放的信息种类是多种多样的。剪贴或复制时保存在剪贴板上的信息,只有在剪贴或复制另外的信息,或关闭操作系统,或有意清除时,才可能更新或清除其内容,即剪切或复制一次,可以粘贴多次。

10. 回收站的管理

Windows 7 中的"回收站"为用户提供了一个安全的删除文件或文件夹的解决方案,用户从硬盘中删除文件或文件夹时,会自动放入"回收站"中,直到用户将其清空或还原到原位置。

（1）从回收站恢复文件

桌面上的"回收站"图标一般分为未清空和已清空两种状态,当有文件或文件夹删除到回收站中时,回收站为未清空状态。

打开"回收站"对话框后,如果需要恢复全部文件,直接单击工具栏的"还原所有项目"即可,如图 2 - 35 所示。

图 2 - 35　回收站

（2）回收站及其文件的清空

在 Windows 7 系统中删除的文件，并没有从磁盘上真正清除，而是暂时保存在回收站中。若长时间不用应对这些文件进行清理，将磁盘空间节省出来。

如果想一次性将整个回收站清空，可以执行清空回收站操作。在桌面上打开"回收站"窗口，直接在工具栏上单击"清空回收站"按钮，回收站中的内容就会被清空，所有的文件也就真正从磁盘上删除了。如果只是想将回收站内容清空，而不考虑检查是否有些文件还要暂时保留，则不必打开"回收站"。在桌面上右击"回收站"图标，在弹出的快捷菜单中选择"清空回收站"命令即可。弹出确认删除操作的对话框，单击"是"按钮，确认删除。

（3）只清除指定文件

如果需要只清除回收站中的部分内容，可以选中文件后，选择"文件"→"删除"命令即可。

（4）设置回收站

"回收站"是各个磁盘分区中保存删除文件的汇总，用户可以配置回收站所占用的磁盘空间的大小及特性。

在桌面上右击"回收站"图标，在弹出的快捷菜单中选择"属性"命令，弹出"回收站属性"对话框，如图 2-36 所示。

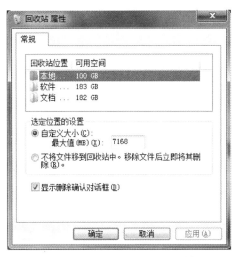

图 2-36 "回收站属性"对话框

在打开的"回收站属性"对话框中，可以设置各个磁盘中分配给回收站的空间及回收站的特性，用户可以选中一个磁盘分区，在下面"最大值"文本框内设置用于回收站的空间大小。如果用户想在删除文件时，直接将文件删除，而不移至回收站中，可以选中"不将文件移到回收站中。移除文件后立即将其删除"单选按钮。另外，如果取消选中"显示删除确认对话框"复选框，则在进行文件删除时，就不会弹出确认删除提示对话框。

任务三　管理计算机

除了管理文件和文件夹，还要充分利用 Windows 操作系统管理计算机，使其能更好的帮助你的工作和学习。

【任务描述】

小张在使用计算机的过程中，要完成各类任务，还要借助于计算机内其他软件的帮助。同时，他又想提高计算机的性能，那么如何利用专门的软件对计算机进行相关设置呢？

【任务分析】

在使用计算机的过程中，是通过计算机的软件来帮助用户完成各类任务的。在系统软件中，有一类实用程序软件，如控制面板、磁盘清理程序、磁盘碎片整理程序等，可用于提高计算机的性能，帮助用户监视计算机系统设置，管理计算机系统资源和配置计算机系统。

同时，还要求用户掌握应用软件的安装，系统的优化，以及计算机的配置。

【任务实现】

一、标准用户管理

1. 创建名为"标准账户1"的 Windows 7 标准账户

Windows 7 系统在安全性方面已经非常好了，黑客想要通过网络入侵用户电脑非常困难，但这并不表示 Windows 7 系统已经足够安全。例如：你的管理员账户没有设定密码，那么他人就可以在你的电脑上登录管理员账户，从而直接控制你的电脑。

根据微软 Windows 7 的帮助文件，使用标准账户可以让 Windows 7 更安全，可以有效地防止用户做出会对该计算机的所有用户造成影响的更改（如删除计算机工作所需要的文件），从而帮助保护您的计算机。比如您使用标准账户登录到 Windows 时，您可以执行管理员账户下的几乎所有的操作，但是如果要执行影响该计算机其他用户的操作（如安装软件或更改安全设置），则 Windows 可能要求您提供管理员账户的密码。建议为每个用户创建一个标准账户。另外，如果你的电脑不是公用电脑，那么这个 Guest 用户就禁用，这样的设置可以让您的系统更安全。

步骤一，"开始"→"控制面板"→"添加或删除用户账户"→"创建一个新账户"，然后在"命名账户并选择账户类型"窗口的输入框中输入"标准用户1"，选中"标准用户"选项→"创建用户"（如图 2 - 37 所示）。

图 2 - 37　命名账户并选择账户类型窗口

步骤二,在弹出界面中点击刚创建的"标准账户 1"图标→"创建密码",在更改密码窗口中根据提示要求输入密码"123456",单击"创建密码"。

2. 将"标准账户 1"密码改为"654321",名称改为"user1"。

步骤一,"控制面板"→"添加或删除用户账户"→"标准用户 1"→"更改密码",然后在弹出的"更改标准账户 1 账户"的窗口中按提示要求输入相应密码后单击"更改密码"按钮。如图 2 - 38所示。

图 2 - 38　更改账户密码窗口

步骤二,"控制面板"→"添加或删除用户账户"→"标准用户 1"→"更改账户名称",然后在弹出窗口输入框中输入"user1",再单击"更改名称"按钮。如图 2 - 39 所示。

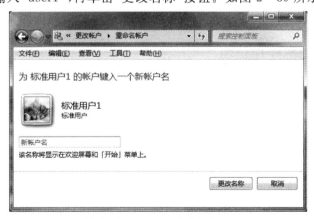

图 2 - 39　更改账户名称窗口

3. 将"user1"标准用户账户删除

步骤一,"控制面板"→"添加或删除用户账户"。

步骤二,在弹出窗口中选择"user1"→"删除账户"→"删除文件"(注意:这一步可根据用户需要选"删除文件"或"保留文件"按钮(如图 2 - 40 所示)→"删除账户"。

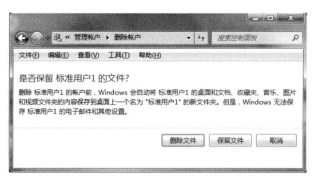

图 2-40　删除账户是否保留该用户文件的选择窗口

注意：更改账户的其他设置均可以在"控制面板"→"用户账户和家庭安全"，根据窗口提示进行相应操作。Windows 7 旗舰版安装的时候，用户输入的计算机名称账户就是管理员账户，对管理员账号的各种安全设置请慎重。

二、系统维护

1. 安装

步骤一　准备适合 Windows 7 操作系统的应用软件安装包（注意：Windows 7 有 32 位与 64 位之分，请选用和系统相适应的软件；确保 Windows 7 安装包在已在准备好的光盘、U 盘或本地磁盘上）。

步骤二　找到安装文件 setup. exe，双击运行并按软件安装窗口提示信息完成操作。如是光盘版的安装包，则放入光盘会自动运行，根据提示与需要选择即可。

说明：有些软件使用中需要经常更新。

2. 卸载

步骤一　"开始"→"控制面板"→"程序"→"卸载程序"。

步骤二　在弹出窗口中选中需要卸载的程序，单击"卸载"按钮，按屏幕提示完成操作即可。

三、磁盘清理、磁盘碎片整理

为计算机 C 盘做磁盘清理与磁盘碎片整理。

步骤一　"开始"→"所有程序"→"附件"→"系统工具"→"磁盘清理"或"磁盘碎片整理程序"。

步骤二　磁盘清理操作，在弹出的磁盘清理窗口中选择 C 盘，单击确定（如图 2-41 所示）即可；磁盘碎片整理，则在弹出的磁盘碎片整理程序窗口中，根据需要，选择"分析磁盘"，分析后再决定做"磁盘碎片整理"，或单击"磁盘碎片整理"，直接进行磁盘整理（如图 2-42 所示）。

图 2-41　磁盘清理选择窗口

图 2-42　磁盘碎片整理程序窗口

四、简单清除 Windows 7 历史记录

Windows 7 拥有诸多新颖又好用的功能。不过,这些功能有时也令人困扰,容易泄露出自己的操作隐私,如开始菜单的"最近使用的项目"和计算机收藏夹中的"最近访问的位置"。为保护用户隐私,请您设置将这些记录清除。

步骤一　右击"开始"→"属性"→"「开始」菜单"选项,如图 2-43 所示,取消"隐私"下面的

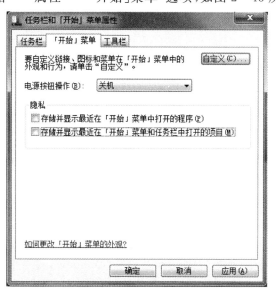

图 2-43　清除「开始」菜单中存储的历史记录

"存储并显示最近在「开始」菜单中打开的程序"、"存储并显示最近在「开始」菜单和任务栏中打开的项目"中的两个项目(清除「开始」菜单中存储的历史记录),以后就不会再记忆最近访问的位置了。

步骤二　从更安全的角度出发,还可以采取下面的方法:首先打开"自定义开始菜单"窗口,在这里取消"最近使用的项目"选项,确认之后即可生效;双击"计算机"→单击"收藏夹"→"最近访问的位置",将里面内容全部删除。

经过上述两个步骤之后,就不用再担心自己最近访问的文件和文件夹的信息被任意查看了。

五、系统优化

系统优化可以手动进行,也可选择工具软件进行,为简单和易学角度考虑,下面介绍利用软件进行优化的方法。

步骤一　了解优化软件情况,选择一款合适的优化软件。

Windows 7 Manager 是国外很流行的一款界面简洁但功能强大的系统工具,基本上可以满足用户对 Windows 7 系统设置的方方面面需求。首次使用还有简单实用的向导帮助,即使是初级电脑用户也不必担心,一样能快速上手,通常使用这款软件可以优化、清理系统和安全设置调整系统参数。该软件是共享软件,同时提供 32 位和 64 位系统版本,可以免费试用 15 天。

Windows 优化大师(下载标准版,终身免费使用)是一款功能强大的系统工具软件,它提供了全面有效且简便安全的系统检测、系统优化、系统清理、系统维护四大功能模块及数个附加的工具软件。支持操作系统:Windows 2000/XP/ 2003/Vista/2008/7。

步骤二　下载安装包双击其中的 setup. exe,按安装界面提示完成安装并更新软件。

说明:系统优化方法很多,除采用软件优化外,熟悉 Windows 7 的用户也有很多采取手动对 Windows 7 系统进行优化的。另外,为了计算机的安全,应在安装完系统后立即安装杀毒软件,杀毒软件与优化软件结合使用。

【必备知识】

一、控制面板

控制面板将同类相关设置都放在一起,集合在 8 个类别中,用户可以通过不同的类别(如系统和安全、程序、轻松访问)等选择需要操作的任务来进行相关设置,或者单击"查看方式:类别"右边的下拉按钮,选择"大图标"或"小图标"选项来查看"控制面板"中的项目列表。如图 2-44所示。

二、任务管理器

任务管理器用来管理计算机上当前正在运行的程序、进程和服务。右击任务栏,在弹出的快捷菜单中选择"启动任务管理器"命令,可以打开"Windows 任务管理器"窗口,如图 2-45所示。按【Ctrl+Alt+Delete】组合键,在打开的界面中选择"启动任务管理器"选项也可以打开该窗口。

图 2-44 使用"小图标"方式查看控制面板的所有项目

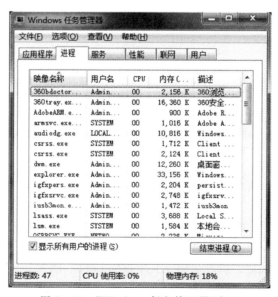

图 2-45 "Windows 任务管理器"窗口

在计算机上运行的每个程序都有一个与其关联的用于启动该程序的进程,使用任务管理器查看计算机上当前正在运行的进程,可以监视计算机的性能。当计算机上的程序停止响应时,可以使用任务管理器的"应用程序"选项卡来结束该程序。需要注意的是,使用任务管理器来结束程序可能比等待 Windows 查找问题并自动解决该问题更快,但是将丢失所有未保存的更改。

三、系统更新

系统更新可以防止或解决问题、增强计算机的安全性或提高计算机的性能。在安装完系统后，建议启动 Windows 自动更新功能。使用自动更新功能，Windows 会自动检查适用于计算机的最新更新。

根据所选择的 Windows Update 设置，Windows 可以自动安装更新，或者只通知用户有新的更新可以使用。在控制面板中单击 Windows Update 打开 Windows Update 窗口，在左窗格中单击"更改设置"链接，打开图 2-46 所示的窗口。

图 2-46　选择 Windows 安装更新的方法

选择 Windows 安装更新的方法后，单击"确定"按钮，系统将按照用户的设置对系统进行更新。

四、查看计算机硬件信息和硬件设备

在控制面板中单击"系统"，打开如图 2-47 所示窗口。单击左窗格中的"设置管理器"链接，打开"设备管理器"窗口，如图 2-48 所示，可查看操作系统、处理器和内存容量及显卡、声卡等硬件设备的信息。

五、从互联网上安装应用软件

如果用户手中找不到安装软件光盘，可以从网络上下载软件的安装程序，以安装"迅雷看看播放器"为例，具体操作步骤如下：

若从网络下载软件的安装程序，建议从软件官方网站进行下载，如果不知道官方网址，可

图 2-47 查看计算机的基本信息

图 2-48 查看安装的硬件设备信息

以通过百度等搜索引擎进行搜索。单击"官方下载"按钮,可以直接进行下载,也可以单击上方的链接打开官方网站后再单击"立即下载"按钮进行下载。弹出"另存为"对话框,用户应指定软件下载的保存位置,如图 2-49 所示。

指定保存位置后,单击"保存"按钮即可开始下载,下载完成后,即可进行安装。如果选中

图 2-49　设置安装程序的保存位置

"下载完成后关闭此对话框"复选框,下载完成后,该对话框会自动关闭,用户可以在保存位置直接双击下载后的文件进行安装。

从互联网上下载软件,建议使用迅雷等专业的下载工具,因为专业工具下载的速度快且不易断线。小型软件可以安装在系统盘中,而大型软件推荐安装在非系统盘中,所以在安装软件时一定要注意设置软件的安装目录。还应注意安装选项,不要安装不需要的捆绑软件。

六、管理应用软件

在安装好需要的应用软件后,还应进行有效管理。Windows 7 使用了和以往操作系统中完全不同的界面来显示已经安装的应用软件,并提供了在管理应用软件过程中需要的工具和选项。

查看已安装的应用软件,可以通过以下操作步骤查看计算机中已经安装的软件。

在"控制面板"窗口中单击"程序和功能"选项,打开"程序和功能"窗口后即可看到当前已经安装的软件,如图 2-50 所示。

如果需要了解软件的其他信息,可以在列的名称上单击鼠标右键,选择"其他…"命令。打开"选项详细信息"对话框,"详细信息"列表中列出了可用于描述程序的各种属性,勾选希望显示的属性名称前的复选框,再单击"确定"按钮即可。

提示:也可以通过反选的方法隐藏不需要显示的属性。还可以通过单击"上移"和"下移"按钮调整属性的显示顺序。例如,选中"上一次使用日期"复选框,将显示每个软件上一次的使用日期,就可以根据这一属性排列应用程序,单击"上一次使用日期"列名称即可查看最近使用过的应用软件。

图 2 - 50　"程序和功能"窗口

七、卸载已安装的应用软件

计算机中不需要某种软件,应通过以下操作步骤卸载,这样既可节省硬盘的存储空间,又可以提高系统的性能。

在"程序和功能"窗口中选中需要卸载的软件,单击"卸载"按钮,如图 2 - 51 所示。

弹出"卸载与修复"对话框,单击"下一步"按钮继续。软件卸载的进程,此过程花费的时间取决于软件的大小和计算机的硬件配置。软件卸载完成后会弹出"选择卸载原因"对话框,单击"完成"按钮即可。如果想对软件的开发人员提出建议,可以选择卸载的原因,以便开发人员做出改进。

八、卸载系统更新程序

若用户安装了不正常的更新程序,可能会导致系统运行异常,甚至频繁出现蓝屏、死机等故障,因此当发现安装更新程序后系统出现异常应及时卸载更新程序。

通过"控制面板"打开"程序和功能"窗口,单击左侧的"查看已安装的更新"选项。在打开的"已安装更新"窗口中列出了 Windows Update 网站安装的所有更新程序。选中需要卸载的更新,单击"卸载"按钮,如图 2 - 52 所示。

弹出"卸载更新"对话框,提示确认卸载更新操作,单击"是"按钮确认即可。因为更新程序的特殊性,有些更新在安装之后是无法卸载的。而且除非确认某个更新会导致严重的系统问题,否则不建议卸载已安装的更新。发现安装某个系统更新程序导致操作异常后,应立即卸载,可以在"卸载更新"窗口显示更新的日期,最新的日期即为需要卸载的程序。

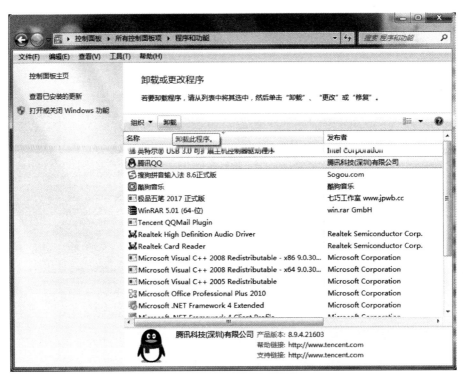

图 2-51 卸载软件

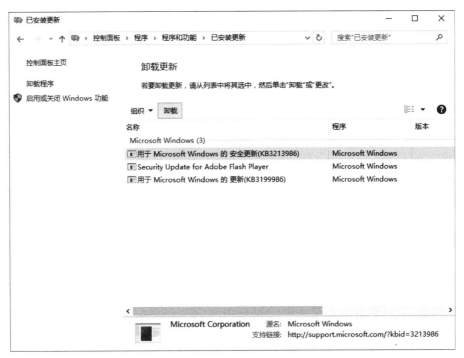

图 2-52 卸载系统更新

保证旧版本软件正常运行

某些在旧版本系统(如 Windows XP)中能够正常运行的软件,在 Windows 7 的新系统环境中有可能不能运行。这时,可以使用程序兼容性向导更改该程序的兼容性设置。

设置"控制面板"的查看方式为"类别",单击"程序"选项。

在打开的"程序"窗口中单击"程序和功能"区域的"运行为以前版本的 Windows 编写的程序"选项,如图 2 - 53 所示。

图 2 - 53　"程序"窗口

"程序兼容性疑难解答"向导自动启动,单击"下一步"按钮继续。

在打开的"选择有问题的程序"对话框中指定需要兼容的程序,如图 2 - 54 所示。如果此对话框没有显示需要兼容的程序,可以在列表框中选择"未列出"选项进行手动选择。单击"下一步"按钮继续。

图 2 - 54　"选择有问题的程序"对话框

在打开的"您注意到什么问题"对话框中,在出现的问题前勾选复选框。

在打开的"此程序以前运行于哪个 Windows 版本"对话框中指定程序能够正常运行的 Windows 版本,如图 2-55 所示。单击"下一步"按钮继续。

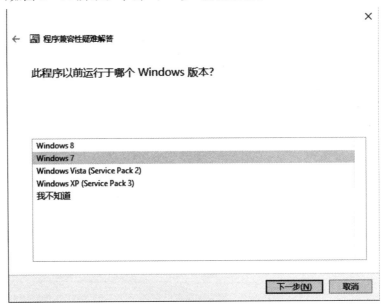

图 2-55　软件正常运行的系统版本

程序兼容性会自动测试问题,弹出窗口后,单击"下一步"按钮继续。

在弹出的"故障排除完成。问题得到解决了吗?"对话框中选择"是,为此程序保存这些设置"选项即可。

任务四　实践操作

一、选择题

1. 操作系统是一种(　　)。

　　A. 系统软件　　　　　　B. 应用软件　　　　　　C. 工具软件　　　　　　D. 调试软件

2. 在下列关于操作系统的说法中,错误的是(　　)。

　　A. 按运行环境将操作系统分为实时操作系统、分时操作系统和批处理操作系统

　　B. 分时操作系统具有多个终端

　　C. 实时操作系统是对外来信号及时做出反应的操作系统

　　D. 用户将一批作业交给批处理操作系统就不再干预,由批处理操作系统自动运行

3. 在下列关于 Windows 7 系统中文件的说法中,错误的是(　　)。

　　A. 在文件系统的管理下,用户可以按照文件名访问文件

　　B. 文件的扩展名最多只能有三个字符

　　C. 默认情况下,具有隐藏属性的文件是不可见的

　　D. 具有只读属性的文件仍然可以删除

4. 操作系统是现代计算机系统不可缺少的组成部分。Windows 7 操作系统能够实现的功

能不包括(　　)。

  A. 硬盘管理   B. 处理器管理   C. 路由管理   D. 进程管理

5. 操作系统的主体是(　　)。

  A. 数据   B. 程序   C. 内存   D. CPU

6. 在下列操作系统中,属于分时系统的是(　　)。

  A. UNIX   B. MSDOS

  C. Windows 2000/XP/7   D. Novell NetWare

7. 在下列操作系统中,由 IBM 公司研制开发的是(　　)。

  A. MacOS   B. OS/2   C. Linux   D. Novell Net War

8. 下列操作系统中,(　　)不是多任务操作系统。

  A. UNIX   B. DOS   C. Linux   D. Windows

9. 为了使用户能直接操纵计算机进行交互的工作,出现了(　　)操作系统。

  A. 批处理   B. 分时   C. 实时   D. 网络

10. 操作系统中对 CPU 的管理归根结底就是对(　　)管理。

  A. 进程   B. 存储   C. 设备   D. 文件

11. 系统软件中最基本的是(　　)。

  A. 文件管理系统 B. 操作系统   C. 文字处理系统 D. 数据库管理系统

12. 操作系统的最基本特征是(　　)。

  A. 并发和共享 B. 并发和虚拟 C. 共享和虚拟 D. 共享和异步

13. 操作系统是(　　)的接口。

  A. 主机和外设   B. 系统软件和应用软件

  C. 用户和计算机   D. 高级语言和机器语言

14. 在(　　)操作系统控制下,每个用户轮流用时间片,好像各自都拥有一台计算机,互不干扰。

  A. 批处理   B. 分时   C. 实时   D. 网络

15. 在计算机系统中,通常所说的"系统资源"是指(　　)。

  A. 硬件   B. 软件   C. 数据   D. 以上三者都是

二、填空题

1. 在 Windows 7 的回收站中,若要恢复被选定的文件,可单击"文件"菜单中的(　　)命令,将其恢复到原来位置。

2. 在 Windows 7 的"我的电脑"窗口中,选定要打开的文件夹,单击文件菜单中的(　　)命令,可由资源管理器打开该文件夹。

3. 在 Windows 7 中,由于各级文件夹之间有包含关系,使得所有文件夹构成一个(　　)状结构。

4. 在 Windows 7 的回收站窗口中选定要彻底清除的文件,单击"文件"菜单中的(　　)命令,可从计算机中完全清除该文件。

5. 用户若想显示或隐藏窗口中的工具栏,应使用(　　)菜单。

6. 用鼠标左键按住窗口的(　　)进行拖动,可以移动窗口的位置。

7. 在使用"删除"命令的同时,若按住( )键,则被删除对象将会被直接从硬盘删除而不被送入回收站。

8. 在 Windows 7 中,对于用户新建的文档,系统默认的属性是( )。

9. 在 Windows7 中,进行系统设置和控制的程序组称为( )。

10. 在 Windows7 中,要想快速启动"帮助"系统,可以使用( )功能键。

三、判断题

1. 操作系统的安装有五种方式,分别是全新安装、修补式安装、升级安装、覆盖式安装和完全重新安装。( )

2. 资源管理器不可以管理计算机中所有的文件与文件夹。( )

3. 使用"磁盘查错"程序,用户可以对硬盘进行扫描和检测,但不能对磁盘进行修复。( )

4. 复制指所选文件或文件夹内容在指定的位置创建一个备份,而在原位置仍然保留被复制的内容。( )

四、Windows 基本操作题,不限制操作的方式

1. 将考生文件夹下 FENG\WANG 文件夹中的文件"童美俊. txt"移动到考生文件夹下 CHANG 文件夹中,并将该文件改名为"童美俊服装. doc"。

2. 将考生文件夹下 CHU 文件夹中的文件 JIANG. TMP 删除。

3. 将考生文件夹下 REI 文件夹中的文件"振兴针车行. PPT"复制到考生文件夹下 CHENG 文件夹中。

4. 在考生文件夹下 GOLD 文件夹中建立一个新文件夹"韩姿美装"。

5. 将考生文件夹下 ZHOU\DENG 文件夹中文件 OWER. DBF 设置为隐藏和只读属性。

五、为你使用的电脑设置个性化 Windows 7 工作环境

1. 在桌面上添加常用应用程序的快捷方式图标,设置"我的电脑""网上邻居"等系统桌面图标,设置桌面图标的排列方式。

2. 将屏幕分辨率设置为 1280×720,颜色质量 32 位。

3. 从网上下载一幅分辨率为 1280×720 的图片,并将其设置为桌面背景。

4. 设置 Windows 窗口和按钮的显示样式、色彩方案和字体大小等显示外观。

5. 按照自己的需要自定义任务栏和开始菜单,如在任务栏中显示"快速启动工具栏",在任务栏右侧的通知区域显示时钟,自动隐藏任务栏(设置开始菜单中的程序图标为大图标,将开始菜单上显示的常用程序数目调整为 8 个以及设置开始菜单的显示方式等)。

6. 在网上下载字体包安装自己所需的字体,删除不经常使用的字体。

7. 根据需要对鼠标进行双击速度、指针显示、指针移动速度以及可见性等设置。

8. 调整系统日期和时间为当前的日期和时间。

六、创建、整理、移交文件资料

1. 在 E 盘根目录下新建一个名为"卡通.bmp"的位图文件,并使用附件中的"画图"程序绘制一个卡通人物。

2.在 E 盘根目录下新建一个名为"古诗.txt"的文本文件,并使用附件中的"写字板"编辑一首自己喜欢的古诗。

3.在 E 盘根目录下新建一个名为"练习"的文件夹。

4.将"卡通.bmp"文件移动到"练习"文件夹中。

5.将"古诗.txt"文件复制到"练习"文件夹中。

6.设置"练习"文件夹中"古诗.txt"文件的属性为"隐藏"。

7.设置"练习"文件夹中"卡通.bmp"文件的属性为"只读"和"存档"。

模块三　Word 2010 文稿编辑软件

Word 2010 是 Microsoft 公司推出的一款功能强大的文字处理软件,是用于创建和编辑各类型文档的应用软件,它适合家庭、文教、桌面办公和各种专业文稿排版领域进行公文、报告、信函、文学作品等文字处理。Word 2010 有一个可视化,即用户图形界面,能够方便快捷地输入和编辑文字、图形、表格、公式和流程图。本章将介绍文本和各种插入元素的输入、编辑和格式化操作,快捷生成各种实用的文档。

任务一　认识 Word 2010

Word 2010 适合在计算机上进行文稿的输入、编辑和格式处理。文稿一般有三种形式:文件和信函、告示和报告、长文档(如说明书、写作书稿)。在文稿中还需要插入如图片、表格等增加文稿说明信息的数据。文稿编辑后,还要进行文稿格式化处理,因为文稿必须按照行业或社会要求的通用格式向外传送。

Word 2010 使用面向结果的全新用户界面,让用户可以轻松找到并使用功能强大的各种命令按钮,快速实现文本的录入、编辑、格式化、图文混排、长文档编辑等。要想用好 Word 2010 首先必须很好地了解和掌握 Word 2010 窗口界面中各选项卡和功能区的命令按钮的使用。

【任务描述】

小张作为公司文员,需要经常做些文档,需要利用常用的办公软件 Word 2010 来编辑各种公文,由于小张对于办公软件应用不是很熟悉,所以准备首先对 Word 2010 的基本界面及基本功能做些了解。

【任务分析】

本任务要求了解 Word 2010 的窗口组件。

【任务实现】

启动 Word 2010 后,屏幕上会打开一个 Word 的窗口,它是与用户进行交互的界面,是用户进行文字编辑的工作环境。窗口的主要组成如图 3−1 所示。

Word 2010 的窗口摒弃菜单类型的界面,采用"面向结果"的用户界面,可以在面向任务的选项卡上找到操作按钮。Word 2010 的窗口主要由快速访问工具栏、标题栏、选项卡、功能区、状态栏、编辑区、视图按钮、缩放标尺、标尺按钮及任务窗格组成。

Word 2010 窗口的功能的描述如下:

1. 选项卡

在 Word 2010 窗口上方是选项卡栏,选项卡类似 Windows 的菜单,但是单击某个选项卡时,并不会打开这个选项卡的下拉菜单,而是切换到与之相对应的功能区面板。选项卡分为主选项卡、工具选项卡。默认情况下,Word 2010 界面提供的是主选项卡,从左到右依次为文件、开始、插入、页面布局、引用、邮件、审阅及视图共八个。当文稿中图表、SmartArt、形状(绘

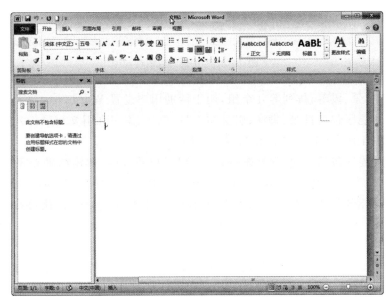

图 3-1　Word 2010 的窗口

图)、文本框、图片、表格和艺术字等元素被选中操作时,在选项卡栏的右侧都会出现相应的工具选项卡。如插入"表格"后,就能在选项卡栏右侧出现"表格工具"工具选项卡,表格工具下面有两个工具选项卡:格式和布局。

2. 功能区

每选择一个选项卡,会打开对应的功能区面板,每个功能区根据功能的不同又分为若干个功能组。鼠标指向功能区的图标按钮时,系统会自动在光标下方显示相应按钮的名字和操作,单击各个命令按钮组右下角的按钮(如果有的话)可打开下设的对话框或任务窗格,图 3-2 所示为单击字体组右下端的按钮弹出的"字体"对话框。

单击 Word 窗口选项卡栏右方的两个按钮　　，可将功能区最小化,这时按钮变成按钮,再次单击该按钮可复原功能区。

下面以 Word 2010 提供的默认选项卡的功能区为例进行说明。

(1)"开始"功能区中从左到右依次包括剪贴板、字体、段落、样式和编辑五个组,该功能区主要用于帮助用户对 Word 2010 文档进行文字编辑和格式设置,是用户最常用的功能区,如图 3-3 所示。

(2)"插入"功能区包括页、表格、插图(插入各种元素)、链接、页眉和页脚、文本、符号和特殊符号等几个组,主要用于在 Word 2010 文档中插入各种元素。

(3)"页面布局"功能区包括主题、页面

图 3-2　"字体"对话框

图 3-3　"开始"功能区

设置、稿纸、页面背景、段落、排列等几个组,用于帮助用户设置 Word 2010 文档页面样式。

　　(4)"引用"功能区包括目录、脚注、引文与书目、题注、索引和引文目录等几个组,用于实现在 Word 2010 文档中插入目录等比较高级的功能。

　　(5)"邮件"功能区包括创建、开始邮件合并、编写和插入域、预览结果和完成等几个组,该功能区的作用比较专一,专门用于在 Word 2010 文档中进行邮件合并方面的操作。

　　(6)"审阅"功能区包括校对、语言、中文简繁转换、批注、修订、更改、比较和保护等几个组,主要用于对 Word 2010 文档进行校对和修订等操作,适用于多人协作处理 Word 2010 长文档。

　　(7)"视图"功能区包括文档视图、显示、显示比例、窗口和宏等几个组,主要用于帮助用户设置 Word 2010 操作窗口的视图类型。

　　Word 提供的工具选项卡的查看可通过下列操作步骤完成。

　　(1)单击功能区右端空白处,在弹出的快捷菜单中选择"自定义功能区"命令。

　　(2)弹出"Word 选项"对话框,在左边的"从下列位置选择命令"列表框中选择"工具选项卡",即可出现如图 3-4 所示的工具选项卡列表。

图 3-4　"Word 选项"对话框

　　从该列表可看到,文本框、绘图、艺术字、图示、组织结构图、图片等工具所带的"格式"选项卡命令是兼容模式的。

3. 快速访问工具栏

　　快速访问工具栏可实现常用操作工具的快速选择和操作。例如:保存、撤销、恢复、打印预览等。单击该工具栏右端的按钮,在弹出的下拉列表中选择一个左边复选框未选中的命令,如图 3-5 所示,可以在快速访问工具栏右端增加该命令按钮;要删除快速访问工具栏的某个按钮,只需要右击该按钮,如图 3-6 所示,在弹出的快捷菜单中选择"从快速访问工具栏删除"命令即可。

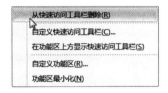

图 3-5　"自定义快速访问工具栏"下拉列表　　图 3-6　删除快速访问工具栏按钮

　　用户可以根据需要设置快速访问工具栏的显示位置。单击该工具栏右端的按钮,在弹出的下拉列表中选择"在功能区下方显示"命令,即可将快速访问工具栏移动至功能区下方。

4.状态栏

　　状态栏提供有文档的页码、字数统计、语言、修订、改写和插入、录制(添加了"开发工具"选项卡后才显示)、视图方式、显示比例和缩放滑块等辅助功能。以上功能可以通过在状态栏上单击相应文字来激活或取消。

　　下面介绍状态栏的几个功能。

　　①页码:显示当前光标位于文档第几页及文档的总页数。单击状态栏最左端的页码,可打开"查找和替换"对话框的"定位"选项卡,可以快速地跳转到某页、某行、脚注、图形等目标,如图 3-7 所示。

图 3-7　"查找和替换"对话框

　　②修订:Word 具有自动标记修订过的文本内容的功能。也就是说,可以将文档中插入的文本、删除的文本、修改过的文本以特殊的颜色显示或加上一些特殊标记,便于以后再对修订过的内容进行审阅。

　　③改写和插入:改写指输入的文本会覆盖当前插入点光标"|"所在位置的文本;插入是指将输入的文本添加到插入点所在位置,插入点后面的文本将顺次往后移。Word 默认的编辑方式是插入。键盘上的【Insert】键可转换插入与改写状态。

　　④录制:创建一个宏,相当于批处理。如果要在 Word 中反复执行某项任务,可以使用宏自动执行该任务。宏是一系列 Word 命令和指令,这些命令和指令组合在一起,形成了一个单

独的命令,以实现任务执行的自动化。

要使用录制功能,必须先添加"开发工具"选项卡。具体操作步骤如下所述:

· 在 Word 2010 功能区空白处右击,在弹出的快捷菜单中选择"自定义功能区"命令。

· 在弹出的"Word 选项"对话框右端的"自定义功能区"列表框中选择"开发工具"复选框,此时"开发工具"选项卡出现在功能区右端,如图 3-8 所示。

图 3-8 "开发工具"选项卡

5. 任务窗格

Word 2010 窗口文档编辑区的左侧或右侧会在"适当"的时间被打开相应的任务窗格,在任务窗格中为读者提供所需要的常用工具或信息,帮助读者快速顺利地完成操作。编辑区左侧的任务窗格有审阅窗格、导航窗格和剪贴板窗格,编辑区右侧的任务窗格有剪贴画、样式、邮件合并和信息检索(信息检索、同义词库、翻译和英语助手)。

文档编辑区的左端是导航窗格,导航窗格的上方是搜索框,用于搜索当前打开文档中的内容。在下方的列表框中通过单击 ▤ ▦ ▤ 按钮,可以分别浏览文档、文档中的标题、文档中的页面和当前搜索结果,在该窗格中可以通过标题样式快速定位到文档中的相应位置、浏览文档缩略图,也可通过关键字搜索定位,下面分别介绍。

如果导航窗格没打开,单击"视图"选项卡的"显示"组中的按钮即可打开导航窗格。以下三种定位方式能保证导航窗格已打开。

(1)通过标题样式定位文档

如果文档中的标题应用了样式,应用了样式的标题将显示在导航窗格中,用户可通过标题样式快速定位到标题所在的位置。打开某个标题应用了样式的文档,在导航窗格的选项卡下,可以看到应用了样式的标题,单击需要定位的标题,可立即定位到所选标题位置。

(2)查看文档缩略图

单击"浏览您的文档中的页面"图标,可以看到文档的各页面缩略图。

(3)搜索关键字定位文档

如果用户需要查看与某个主题相关的内容,可在导航窗格中通过搜索关键字来定位文档。例如:在导航窗格文本框中输入关键字"排版",所搜索的关键字立即在文档中突出显示;单击"浏览您当前搜索的结果"图标,其中显示了文档中包含关键字的标题;单击需要查看的标题,即可定位到文档相应位置,如图 3-9 所示。

6. 文稿视图方式

Word 2010 提供了页面、阅读版式、Web 版式、大纲和草稿五个视图方式。各个视图之间的切换可简单地通过单击状态栏右方的视图按钮来实现。

①页面视图:用于显示整个页面的分布状况和整个文档在每一页上的位置,包括文件图形、表格图文框、页眉、页脚、页码等,并对它们进行编辑,具有"所见即所得"的显示效果,与打印效果完全相同,可以预先看见整个文档以什么样的形式输出在打印纸上,可以处理图文框、

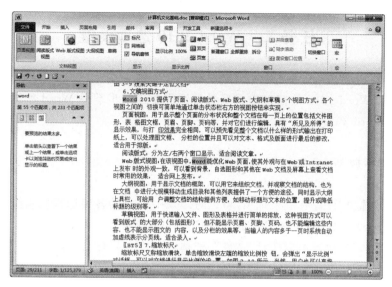

图 3-9　搜索关键字定位文档

分栏的位置并且可以对文本、格式及版面进行最后的修改,适合用于排版。

②阅读版式:分为左/右两个窗口显示,适合阅读文章。

③Web 版式视图:在该视图中,Word 能优化 Web 页面,使其外观与在 Web 或 Intranet 上发布时的外观一致,可以看到背景,自选图形和其他在 Web 文档及屏幕上查看文档时常用的效果,适合网上发布。

④大纲视图:用于显示文档的框架,可以用它来组织文档,并观察文档的结构,也为在文档中进行大规模移动生成目录和其他列表提供了一个方便的途径,同时显示大纲工具栏,可给用户调整文档的结构提供方便,如移动标题与文本的位置,提升或降低标题的级别等。

⑤草稿视图:用于快速输入文件、图形及表格并进行简单的排放,这种视图方式可以看到版式的大部分(包括图形),但不能显示页眉、页脚、页码,也不能编辑这些内容,也不能显示图文的内容,以及分栏的效果等,当输入的内容多于一页时系统自动加虚线表示分页线,适合录入。

7. 缩放标尺

缩放标尺又称缩放滑块,单击缩放滑块左端的缩放比例按钮,会弹出"显示比例"对话框,可以对文档进行显示比例的设置,如图 3-10 所示。当然,用户也可以直接拖动缩放滑块来进行显示比例的调整。

8. 快捷菜单

右击选中文稿或右键激活插入元素,都会在点击处出现快捷菜单,该菜单有上下两个框面,上面是选中对象的属性,下面是该对象的快捷菜单。使用快捷菜单能快速对该对象进行各种操作或设置。

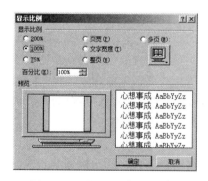

图 3-10　"显示比例"对话框

任务二　Word 2010 选项设置

【任务描述】

小张了解了 Word 2010 的窗口组成后觉得还需要进一步掌握 Word 2010 的基本设置才能更好地使用 Word 2010。

【任务分析】

本任务要求掌握 Word 2010 的选项设置。

【任务实现】

Word 2010"选项"设置有七个选项,可以对 Word 2010 的各种运行功能作预先的设置,使 Word 在使用中效率更高,用户使用时更方便安全、更有个性。

Word 2010"选项"设置可以选择"文件"→"选项"命令,共有七个选项,分别是常规、显示、校对、保存、版式、语言和高级。

1."常规"选项

"常规"选项提供用户在使用 Word 时的一些常规选项。

例如:选中"选择时显示浮动工具栏"复选框,工具栏将以浮动形式出现。

"配色方案"列表框有"银色"、"蓝色"、"黑色"三种选择,用户选择不同的颜色,Word 的窗口界面颜色会相应改变。

2."显示"选项

"显示"选项可以更改文档内容在屏幕上的显示方式以及打印时的显示方式。

例如:选中"在页面视图中显示页面间的空白"复选框,在页面视图中,页与页之间将显示空白;反之,页与页之间只有一条细线分隔。选中"悬停时显示文档工具提示"复选框,当鼠标光标悬停时会有文档工具提示信息出现。选中"始终在屏幕显示这些格式标记"下的任意个复选框,将在文档的查看过程中看到相应的格式标记,如选中"制表符"复选框,文档将在屏幕显示所有的制表符符号。

选中"隐藏文字"复选框,在字体对话框设置过"隐藏"格式的文字将以带下画虚线的特定格式显示,否则,该文字将在各视图中都不可见。在"显示"选项下方有六个关于打印选项的复选框设置,可以设置好几种打印显示方式,用户可自行选中并查看打印显示方式。

3."校对"选项

"校对"选项用于 Word 更正文字和设置其格式的方式。

自动更正选项列表框里,系统预设了不少自动更正功能,让用户可以输入简单的字符去代替复杂的符号,或者是将用户容易出现的一些拼写错误自动更正过来,如录入"abbout"自动更正为"about",如图 3-11 所示。

这时候在文档编辑区输入"abbout",系统会自动替换成"about"。这种自动更正功能可以提高用户录入一些比较复杂且录入频率又高的文本或符号的效率,也可以作为更正全篇文档多处存在相同的某个错误录入字符或词组的简单方法。

在"校对"选项还能设置自动拼写与语法检查功能,使得用户在输入文本时,如果无意输入了错误的或不正确的系统不可识别的单词,Word 会在该单词下用红色波浪线标记;如果是语法错误,出现错误的文本会被绿色波浪线标记。具体设置步骤如下:

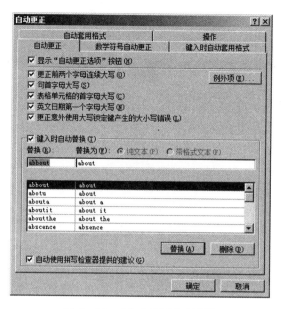

图 3-11　"自动更正"对话框

①在如图 3-12 所示的在"校对"选项中,将"键入时检查拼写"、"键入时标记语法错误"、"随拼写检查语法"复选框选中。

②单击"确定"按钮。

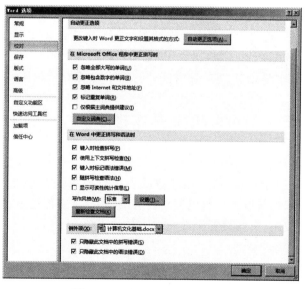

图 3-12　"Word 选项"对话框

如图 3-12 所示,在"校对"选项窗口最下方的"例外项"下拉列表框中可选择要隐藏拼写错误和语法错误的文档,在其下方选中"只隐藏此文档中的拼写错误"和"只隐藏此文档中的语法错误"复选框,这时该文档有拼写和语法错误后,将不会显示标记错误的波浪线。

4."保存"选项

"保存"选项用于自定义文档保存方式,提供了保存文档的位置、类型、保存自动恢复时间间隔等设置选项。"保存文档"下拉列表提供了文档的多种保存类型的选择,默认情况下是".docx",还提供了 Word 较低版本的格式".doc"、文本格式、网页格式等,如图 3-13 所示。

图 3-13 文档保存类型

5."版式"选项

"版式"选项用于中文换行设置。用户在该选项卡可自定义后置标点(如"!"、"、"等,这些标点符号不能作为文档中某一行的首字符)与前置标点(如","等,这些标点符号不能作为行的最后一个字符)。"版式"选项用于在中文、标点符号和西文混合排版时,进行字距调整与字符间距的控制设置。

6."语言"选项

"语言"选项用于设置 Office 语言的首选项。

7."高级"选项

"高级"选项提高用户使用 Word 的工作效率,提供设置更具有个性化操作的高级选项。按设置的功能分成"编辑选项"(18 项)、"剪切、复制和粘贴"(9 项)、"图像大小和质量"(3 项)、"显示文档内容"(12 项)、"显示"(12 项)、"打印"(13 项)、"保存"(4 项)、"常规"(9 项)等。

任务三　Word 2010 基本排版

【任务描述】

小张对 Word 2010 有了初步了解后,准备动手进行一些基本的文档排版工作,下面他准备按照排版的一般流程对内容的输入、文字的选定、字体格式设置、段落格式设置、模板和样式的使用、页面设置等方面进一步的了解。

【任务分析】

文稿在输入和编辑后,为美化版面效果,会对文字、段落、页面和插入的元素等,根据整体文稿的要求,进行必需的修饰,以求得到更好的视觉效果,这就是在 Word 中的各种格式化操作。

文稿在输入和编辑后,要求字符格式化、段落格式化、页面格式化、插入元素格式化等。格式化的操作涉及的设置很多,不同的设置会有不同的显示效果。

【任务实现】

一、编辑对象的选定

在文档的编辑操作中需要选择相应的文本之后,才能对其进行删除、复制、移动或编辑等操作。文本被选择后将呈反白显示，Word 提供多种选择文本的方法，下面介绍使用鼠标的选择方法。

1. 拖动选择

把插入点光标"|"移至要选择部分的开始处，按住鼠标左键一直拖动到选择部分的末端，然后松开鼠标的左键。该方法可以选择任何长度的文本块，甚至整个文档。

2. 对字词的选择

把插入光标放在某个汉字（或英文单词）上，双击，则该字词被选择。

3. 对句子的选择

按住【Ctrl】键并单击句子中的任何位置。

4. 对一行的选择

光标放置于这一行的选定栏（该行的左边界），单击即可。

5. 对多行的选择

选择一行，然后在选定栏中向上或向下拖动。

6. 对段落的选择

双击段落左边的选定栏，或三击段落中的任何位置。

7. 对整个文档的选择

将光标移到选定栏，鼠标变成一个向右指的箭头，然后三击鼠标。

8. 对任意部分的快速选择

用鼠标单击要选择的文本的开始位置，按住【Shift】键，然后单击要选择的文本的结束位置。

9. 对矩形文本块的选择

把插入光标置于要选择文本的左上角，然后按住【Alt】键和鼠标左键，拖动到文本块的右下角，即可选择一块矩形的文本。

二、文档复制和粘贴

1. 文档复制

复制是文档编辑中最常用的操作之一。对于文档中重复出现的内容或相同的格式，不必一次次地重复输入或格式化，可以采用复制操作完成。复制操作有三种方法：使用菜单或工具，用格式刷和使用样式。

复制工具适合操作："复制"、"粘贴"菜单或工具复制字符、图片、文本框或插入对象在内的全部字符、图片、文本框或插入对象和格式文本和插入对象的复制选中的复制对象，移动光标到目标处或选中要覆盖对象后，进行粘贴操作。

格式刷只复制被选中对象的全部"格式"，如字符、段落和底纹的格式，不复制被选中的内容字符和段落格式的复制选中复制对象，单击"格式刷"按钮后，光标拖动全部目标文档。

样式把选中的样式的全部格式复制到被选中的操作对象文稿的标题、章节标题和段落的格式统一定义光标置于被格式段落后，单击合适的样式项。

【例】使用 Word 的"格式刷"按钮，将图 3-14 所示文稿的标题格式复制到正文中。

①选择已设置好格式的段落或文本，如图 3-14 所示的标题"第 1 章 Windows 7 基本操作"。

②单击"开始"选项卡的"剪贴板"组的"格式刷"按钮,选中文字,按住鼠标左键拖动,如图3-15所示。

图3-14　选择要复制的格式　　　　　图3-15　使用格式刷复制格式

③按住鼠标左键,选择要复制格式的段落,然后释放鼠标左键。

需要注意的是,单击"格式刷"按钮,用户只可以将选择的格式复制一次,双击"格式刷"按钮,用户可以将选择格式复制到多个位置。再次单击格式刷或按【Esc】键即可关闭格式刷。

2. 粘贴

在粘贴文档的过程中,有时希望粘贴后的文稿的格式有所不同,在 Word 2010"开始"选项卡的"剪贴板"组的"粘贴"按钮命令,提供了三种粘贴选项:"保留源格式"、"合并格式"、"只保留文本"。这三个选项的功能如下:

"保留源格式",粘贴后仍然保留源文本的格式。"只保留文本",粘贴后的文本和粘贴位置处的文本格式一致。"合并格式",粘贴后的文本格式,是源文本格式与粘贴位置处文本格式的"合并"。

例如:将文本"计算机"设置成"小四、隶书、带波浪下划线、添加底纹",然后复制该文本"计算机",单击"开始"选项卡的"剪贴板"组的"粘贴"下拉按钮,会弹出"粘贴选项",如图3-16所示。选项从左到右依次是"保留源格式""合并文本""只保留文本"。复制上述文本"计算机"后,分别选择这三个粘贴选项粘贴到文本的不同位置,选择不同的粘贴选项后的粘贴效果如图3-17所示。

图3-16　"粘贴选项"菜单　　　　　图3-17　三种粘贴格式示例

如图3-16所示,除了三种粘贴选项外,Word 还提供了"选择性粘贴"、"设置默认粘贴"选项。选择性粘贴有很多用途,下面介绍其两种常用功能。

(1)将文本粘贴成图片

选中源文本,右击,在弹出的快捷菜单中,选择"复制"命令,然后将光标定位到目标位置,单击"开始"选项卡的"剪贴板"组的"粘贴"下拉按钮,弹出如图3-16的"粘贴选项"菜单,选择

"选择性粘贴"命令,打开"选择性粘贴"对话框,如图 3 - 18 所示。选择一种图片格式,如"图片(增强型图元文件)文件",单击"确定"按钮即可。

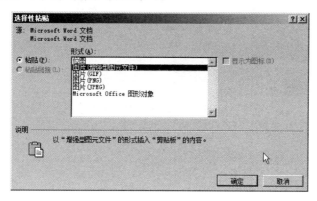

图 3 - 18 "选择性粘贴"对话框

(2)复制网页上的文本

网页使用格式较多,采取直接复制、粘贴的方法。将网页上的文本粘贴到 Word 文档中,常常由于带有其他格式,编辑处理起来比较困难。通过选择性粘贴,可将其粘贴成文本格式。在网页中,选中文本,复制,切换到 Word 2010 文档窗口,定位好光标,打开"选择性粘贴"对话框,选择"无格式文本"命令,单击"确定"按钮即可。

三、使用模板或样式建立文档格式

Word 提供了各种固定格式的写作文稿模板,用户可以使用这些模板的格式,快速地完成文稿的写作。样式为统一文档的一种格式方法,也可以新建或修改原有的样式。利用模板和样式,可使写作文稿时有一个标准化的环境。

(一)使用模板建立文档格式

模板是一种特殊的预先设置格式的文档,模板决定了文档的基本结构和文档格式设置。每个文档都是基于某个模板而建立的。

可以根据文稿使用的目标,选用合适的模板,快速完成文档输入和编辑操作。

Word 启动后,会自动新建一个空白文档,默认的文件名为"文档 1",格式的样式是"正文"。空文档就如一张白纸一样,可以在里面随意输入和编辑。很多格式化的文稿模板是文档交流过程中已形成了的固定格式,因此 Word 提供了各种类型的模板和向导辅助我们创建各种类型的文件。

选择"文件"→"新建"命令,在"新建"主选项里分"可用模板"、"Office. com 模板"两个列表框,如图 3 - 19 所示。在"可用模板"列表中列出了本机的所有模板,Word 2010 提供空白文档、博客文章、书法字帖、最近打开的模板、我的模板、根据现有内容新建、样本模板等七项内容,其中样本模板提供了 53 种模板供用户选择。在"Office. com 模板"列出了来自 office. com 的几十种模板供用户选择。下面分别在这两个模板列表框中选择一个模板创建文档。

【例】通过"可用模板"建立一份"黑领结简历"式的文档。

具体操作步骤如下所述:

图 3-19 "新建"选项卡

①选择"文件"→"新建"命令,可看到"可用模板"列表框中提供了"空白文档"、"博客文章"、"书法字帖"、"最近打开的模板"、"样本模板"、"我的模板"、"根据现有内容新建"等七项内容,如图 3-20 所示。

图 3-20 "可用模板"选项

②单击"样本模板"选项,在"样本模板"中罗列出了系统提供的 53 个模板文件,每选中一个模板,可在窗口的右上方预览该模板,本例选中"黑领结简历"模板,立刻可在右上方预览到该模板,如图 3-21 所示。

③选择模板预览下方的"文档",单击"创建"按钮,即可出现已预设好背景、字符和段落格式的"黑领结简历模板"文档,如图 3-22 所示。

在预览模板状态下,单击"主页"按钮可回到"新建"选项下进行重新选择。

【例】利用"Office.com 模板"提供的"名片"模板制作名片。

具体操作步骤如下所述。

①选择"文件"→"新建"命令,在"Office.com 模板"选项组中单击"名片"按钮。

②单击"用于打印"按钮,打开名片样式模板列表框。

图 3-21 "黑领结简历"模板预览

图 3-22 模板应用示例

③在名片样式模板列表框中选择"名片(横排)"样式,在窗口右侧即可预览效果,单击"下载"按钮,即可将名片样式下载到文档中。

④在对应位置输入相关内容,即可完成名片的制作,并且可以打印输出,如图 3－23 所示。

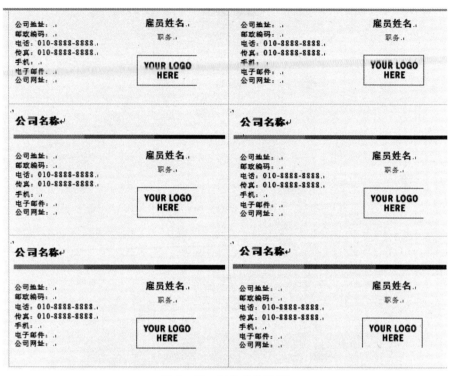

图 3－23　制作名片示例

(二)通过样式建立文档格式

样式是文档中的一系列格式的组合,包括了字符格式、段落格式及边框和底纹等。应用样式时,只需要单击操作就可对文档应用一系列的格式。例如:如果用户希望报告中的正文采用五号宋体、两端对齐、单倍行距,不必分几步去设置正文格式,只需应用"正文"样式即可取得同样的效果。因此利用样式,可以融合文档中的文本、表格的统一格式特征,得到风格一致的格式效果,它能迅速改变文档的外观,节省大量操作。样式与文档中的标题和段落的格式设置有较为密切的联系。样式特别适用于快速统一长文档的标题、段落的格式。

"样式"的应用和设置在"开始"选项卡的"样式"组和"样式"任务窗格中进行。样式的操作有"查看样式"、"创建样式"、"修改样式"和"应用样式"。

"开始"选项卡上的"样式"组的左边的方框显示 Word 提供的目前应用的样式,在方框中可选择合适的应用样式。Word 的默认样式是"正文",其提供的格式是五号宋体、两端对齐方式、单倍行距。在"样式和格式"列表框中选择"清除格式"命令,样式定义操作即复原到"正文"样式。

1.样式名

样式名,即格式组合(即样式)的名称。样式是按名使用,最长为 253 个字符(除反斜杠、分号、大括号外的所有字符)。

样式可分为标准样式和自定义样式两种。

标准样式是 Word 预先定义好的内置样式，如正文、标题、页眉、页脚、目录、索引等。

自定义样式指用户自己创建的样式。如果需要字符或段落包括一组特殊属性，而现有样式中又不包括这些属性，例如：设置所有标题字符格式为加粗、倾斜的红色隶书，用户可以创建相应的字符样式。如果要使某些段落具有特定的格式，例如：设置段前、段后距为 0.5 行，悬挂缩进 2 字符，1.5 倍行距，但已有的段落样式中不存在这种格式，也可以创建相应的段落样式。

2. 查看样式

在使用样式进行排版前，或者是浏览已应用样式排版好的文档，用户可以在文档窗口查看文档的样式，具体操作如下所述。

选中要查看样式的段落，单击"开始"选项卡下的"样式"组的"快速样式列表库"右下方的下拉按钮，即可看到光标所在位置的文本样式会在"快速样式库"中以方框的高亮形式显示出来，如图 3-24 所示，光标所在位置文本应用的样式为"标题 3"。

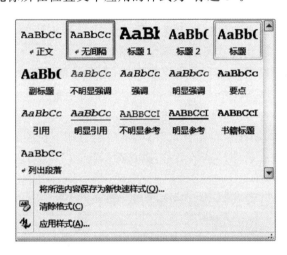

图 3-24　查看所选段落样式

"快速样式列表库"并不会罗列全部的样式，里边列出的样式是"样式"任务窗格所提供样式列表的子集，"快速样式库"样式的添加或删除可由"样式"下拉列表中右击样式名选择相应的"添加到快速样式库"或"从快速样式库中删除"命令即可，如图 3-25 所示，右击"副标题"样式，选择"从快速样式库中删除"，将从快速样式列表中删除该样式。

3. 应用与删除样式

"样式"下拉列表框中，包含有很多 Word 的内建样式，或是用户定义好的样式。利用这些已有样式，用户可以快速地应用有格式的文档，应用样式可按如下步骤操作：

①选择或将光标置于需要样式格式化的标题或段落。

②单击"开始"选项卡的"样式"组右下端的下拉按钮，会弹出"样式"任务窗格，如图 3-26 所示。"样式"任务窗格上方是"样式"下拉列表框，这里列出了全部的样式集合。

③在"样式"下拉列表框中选择所需要的样式。步骤①选中的标题或段落即实现该样式的格式。删除样式非常简单，用户只需要在"样式"下拉列表框右击需要删除的样式，在弹出的快捷菜单选择"删除"命令即可。

图 3-25　设置快速样式库　　　　　图 3-26　"样式"任务窗格

4. 新建样式

当 Word 提供的内置样式和用户自定义的样式不能满足文档的编辑要求时,用户就要按实际需要自定义样式了。新建样式可按如下步骤操作:

①单击"开始"选项卡样式组右下端的下拉按钮,会在屏幕右侧弹出"样式"任务窗格,如图 3-26 所示。

②在"样式"任务窗格左下方,单击"新建样式"按钮。

③在弹出的"根据格式创建设置新样式"对话框中进行如下设置:

在"名称"文本框中输入新建样式的名称,默认为"样式 1"、"样式 2",以此类推,如图 3-27 所示。

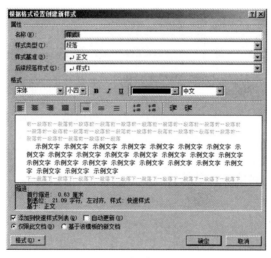

图 3-27　"根据格式创建设置新样式"对话框

在"样式类型"列表中根据实际情况选择一种,如选择"字符"格式或"段落"样式。"字符样式"中包含一组字符格式,如字体、字号、颜色和其他字符的设置(如加粗等)。"段落样式"除了包含字符格式外,还包含段落格式的设置。"字符样式"适用于选定的文本,"段落样式"可以作用于一个或几个选定的段落。在任务窗格中,"字符样式"用符号"a"表示,"段落样式"用类似回车符号表示。

④单击"格式"按钮,弹出菜单,如图 3-28 所示,分别可以对字体、段落、制表位、边框、语言、图文框、编号、快捷键和文字效果进行综合的设置。

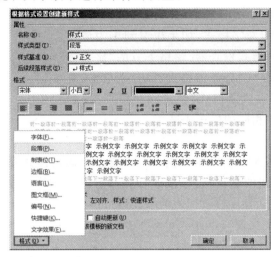

图 3-28　"修改样式"对话框

新建样式的效果可以在对话框中部的预览框中看到,并在方框下部有详细的样式设置说明,如图 3-28 所示。

⑤设置完毕后,单击"根据格式创建设置新样式"对话框的"确定"按钮。

5. 修改样式

如果 Word 所提供的样式有些不符合应用要求,用户也可以对已有的样式进行修改,按如下步骤操作:

①单击"开始"选项卡样式组右下端的下拉按钮,会在屏幕右侧弹出"样式"任务窗格,如图 3-26 所示。

②在"样式"任务窗格中,右击要修改的样式名(见图 3-26)或单击要修改样式名右边的样式符号按钮(见图 3-29),在弹出的快捷菜单中选择"修改"命令。

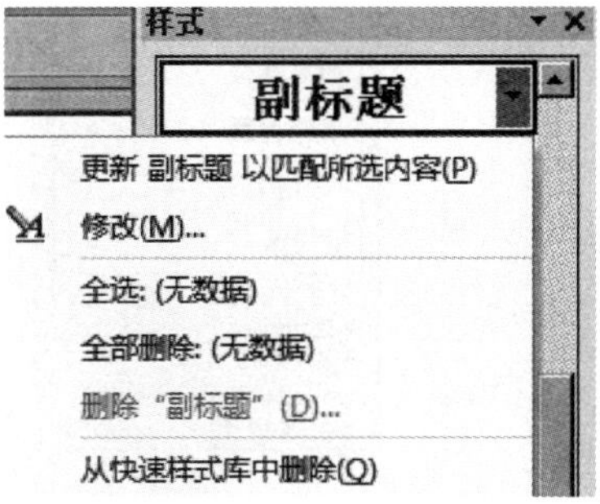

③在弹出的"修改样式"对话框中,可以修改字体格式、段落格式,还可以单击对话框的"格式"按钮,修改段落间距、边框和底纹等选项,如图 3-28 所示。

④单击"确定"按钮,完成修改。

修改样式的操作也可通过"样式"任务窗格的"管理样式"按钮进行,具体操作详见下文。

图 3-29　"修改"样式菜单

6. 样式检查器

Word 2010 提供的"样式检查器"功能可以帮助用户显示和清除 Word 文档中应用的样式和格式,"样式检查器"将段落格式和文字格式分开显示,用户可以对段落格式和文字格式分别清除,操作步骤如下所述:

①打开 Word 2010 文档窗口,单击"开始"选项卡样式组右下端的下拉按钮,会在屏幕右侧弹出"样式"任务窗格,如图 3-29 所示。

②在"样式"窗格中单击"样式检查器"按钮,会出现"样式检查器"窗格,如图3-30所示。

③在打开的"样式检查器"窗格中,分别显示出光标当前所在位置的段落格式和文字格式,如果想看到更为清晰详细的格式描述,可单击"样式检查器"窗格下方的"显示格式"按钮,在弹出的"显示格式"任务窗格查看,分别单击"重设为普通段落样式"、"清除段落格式"、"清除字符样式"和"清除字符格式"按钮清除相应的样式或格式。

图3-30 "样式检查器"窗格

7. 管理样式

"管理样式"对话框是Word 2010提供的一个比较全面的样式管理界面,用户可以在"管理样式"对话框中完成前述的新建样式、修改样式和删除样式等样式管理操作。下面仅对在Word 2010"管理样式"对话框中修改样式的步骤进行说明。

①打开Word 2010文档窗口,单击"开始"选项卡样式组右下端的下拉按钮,会在屏幕右侧弹出"样式"任务窗格,如图3-29所示。

②在打开的"样式"窗格中单击"管理样式"按钮,如图3-31所示。

③打开"管理样式"对话框,切换到"编辑"选项卡。在"选择要编辑的样式"列表中选择需要修改的样式,然后单击"修改"按钮,如图3-32所示。

图3-31 单击"管理样式"按钮

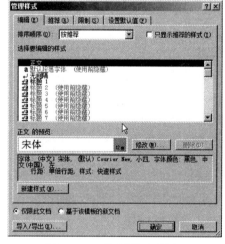

图3-32 单击"修改"按钮

④在打开的"修改样式"对话框中根据实际需要重新设置该样式的格式,并单击"确定"按钮,如图3-33所示。

⑤返回"管理样式"对话框,选中"副标题"单选按钮,并单击"确定"按钮,如图3-34所示。

在"管理样式"对话框中完成新建样式、删除样式的步骤类似于上述的修改样式,而且比较简单,不再赘述。

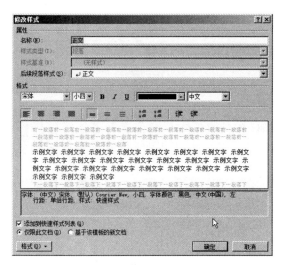

图 3-33 "修改样式"对话框

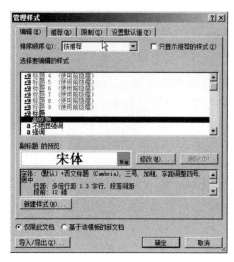

图 3-34 "管理样式"对话框

四、字符格式化

文稿输入后,需要根据文稿使用场合和行文要求等,对文稿中的字符进行字体、字号、字形或其他特殊要求的字符设置,包括设定颜色等。字符格式化设置是通过"开始"选项卡的"字体"组的命令或"字体"对话框进行操作设置的。

1. 设置字体、字号、字形

字体是文字的一种书写风格。常用的中文字体有宋体、仿宋体、黑体、隶书和幼圆等,此外Word 还提供了方正舒体、姚体和华文彩云、新魏、行楷等字体。

设置文档中的字体,可按如下步骤操作:

①单击"开始"选项卡的"字体"组上的"字体"下拉按钮。

②在字体列表中选择所需的字体,如图 3-35 所示。

字号即字符的大小。汉字字符的大小用初号、小二号、五号、八号等表示;字号也可以用"磅"的数值表示,1 磅等于 1/72 英寸。字号包括中文字号和数字字号,中文字号越大,字体越小;相反的,数字字号越大,字体越大。

设置文档中的字号,可按如下步骤操作:

①单击"开始"选项卡的"字体"组上的"字体"下拉按钮。

图 3-35 选择字体 图 3-36 选择字号

②在字号列表中选择所需的字号,如图 3-36 所示。

字形是指附加于字符的属性,包括粗体、斜体、下画线等。设置文档中的字形,可按如下步骤操作:

①单击"开始"选项卡功能区"字体"组上的"加粗"、"倾斜"、"下划线"等按钮,如图 3-37 所示。

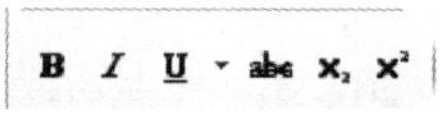

图 3-37 选择字形

②选择"B"按钮为"加粗"、"I"按钮为"倾斜"、"U"按钮为"下划线"。

2. 字符颜色和缩放比例

（1）字符颜色

字符颜色是指字符的色彩。要选择字符的颜色，可以单击"字体"组的"字体颜色"下拉按钮，则会弹出调色面板，在调色面板的方块中选择某种颜色，如图 3-38 所示。

（2）字符间距、缩放比例、字符位置

字符间距、缩放比例、字符位置的设置可通过"字体"对话框的"高级"选项卡进行，单击"字体"组右下端的下拉按钮，会弹出"字体"对话框，如图 3-39 所示，选择"高级"选项卡，如图 3-40 所示，可以在此进行缩放比例、字符间距、字符位置的设置。

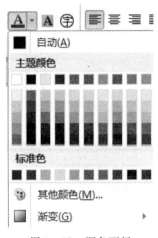

图 3-38 调色面板

图 3-39 "字体"选项卡

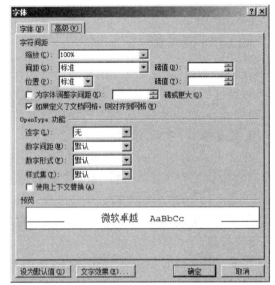

图 3-40 "高级"选项卡

缩放比例是指字符的缩小与放大，其中"缩放"列表框用于设置字符的横向缩放比例，即将字符大小的宽度按比例加宽或缩窄。普通字符的宽高比是标准的（100%），若调整为 150%，则字符的宽度加大；若调整为 80%，则字符宽度变小。设置了某段字符的缩放比例后，新输入的文本都会使用这种比例，如果想使新输入的文本比例恢复正常，只需在"缩放"下拉列表框选择"100%"即可。

字符的缩放还可通过"开始"选项卡的"段落"组的"中文版式"按钮进行设置，单击该按钮，在弹出的下拉列表里选择"字符缩放"，如图 3-41 所示，级联菜单列出了"200%"、"100%"、"33%"等缩放比例选项。如果这些比例都不能满足用户需求，可以选择最下方的"其他"命令，在弹出的"字体"对话框进行设置，如图 3-40 所示。

"间距"列表框可以设置字符间距为标准、加宽或紧缩，右边

图 3-41 "字符缩放"命令

的"磅值"输入框用于设置其加宽或紧缩的大小。

"位置"列表框可以设置字符的 3 种垂直位置:标准、提升或降低,提升或降低值可以通过右边的"磅值"输入框进行设置。

Word 中经常用到"磅"这个单位,它是一个很小的度量单位,1 磅 = 1/72 英寸 = 0.35146mm。但有些时候人们习惯用其他的一些单位进行度量,Word 为用户提供了自由的单位设置方法。如现在要设置"字符间距"中的"位置"为提升 3mm,可以直接在"磅值"框中输入"3 毫米"或"3mm"。在 Word 中的其他地方也可如此设置,还可以设置其他的单位,如厘米(cm)。

3. 带特殊效果的字符

将文档中的一个词、一个短语或一段文字设置为一些特殊效果,可以使其更加突出和引人注目,以强调或修饰字符效果的属性,如删除线、下划线、上下标等。

这些属性有些可以在"开始"选项卡的"字体"功能区找到相应的命令按钮,在"字体"组找不到的属性,需要单击"字体"功能区右下端的下拉按钮,会弹出"字体"对话框,在"字体"对话框进行设置。

在"字体"对话框中,还可以设置"西文字体"、"双删除线"、"隐藏"、"着重号"等。

4. 设置字符的艺术效果

设置文字的艺术效果是指更改字符的填充方式、更改字符的边框,或者为字符添加诸如阴影、映像、发光或三维旋转之类的效果,这样可以使文字更美观。

(1)通过"开始"选项卡设置

①选择要添加艺术效果的字符。

②单击"开始"选项卡的"字体"组的"文本效果"按钮,弹出下拉列表如图 3-42 所示,这里提供了 4×5 的艺术字选项,下方有"轮廓"、"阴影"、"映像"、"发光"等特殊文本效果菜单。

图 3-42　"文本效果"下拉列表

(2)通过"插入"选项卡设置

①选择要添加艺术效果的字符。

②单击"插入"选项卡的"文本"组的"艺术字"按钮,会弹出 6×5 的"艺术字"列表,如图 3-43 所示。

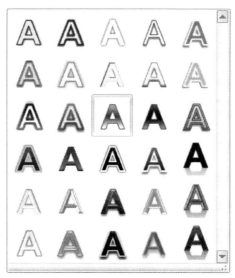

图 3-43 "艺术字"列表

③选择一种艺术字样式后,窗口停留在"绘制工具格式"选项卡下,用户可以利用"绘制工具"→"格式"选项卡下的命令按钮,进一步设置被选文字,如设置背景颜色。这种方法与前一种方法不同的是,文字设置艺术效果后,变为一个整体,而前者设置后仍然是单个的字符。

五、段落格式化

文稿中的段落编辑在文稿编辑中占有较重要的地位,因为文稿是以页面的形式展示给读者阅读的,段落设置的好坏,对整个页面的设计有较大的影响。段落设置有对段落的文稿对齐方式的设置、中文习惯的段落首行首字符的位置的设置、每个段落之间的距离的设置、每个段落里每行之间的距离的设置等。段落格式化是通过"开始"选项卡的"段落"组命令或"段落"对话框进行设置的。

1. 段落对齐方式设置

段落的对齐方式有两端对齐、右对齐、居中对齐、分散对齐等,默认的对齐方式是两端对齐。设置段落的对齐方式有两种方法。

(1)选择要进行设置的段落(可以多段),单击"开始"选项卡的"段落"组的相应按钮,如单击"左对齐"、"居中"、"右对齐"、"两端对齐"、"分散对齐"等。

(2)单击"开始"选项卡的"段落"组右下方的下拉按钮。在弹出的"段落"对话框中,可看到常规选项下的"对齐方式"下拉列表,选择"左对齐"、"居中"、"右对齐"、"两端对齐"、"分散对齐"中的一种对齐方式即可。

2. 缩进与间距

为了使版面更美观,在文档编辑时,还需要对段落进行缩进设置:

(1)段落缩进

段落缩进是指段落文字与页边之间的距离。它包括首行缩进、悬挂缩进、左缩进、右缩进四种方式。段落缩进可使用标尺(如图 3 - 44 所示)和"段落"对话框两种方法。

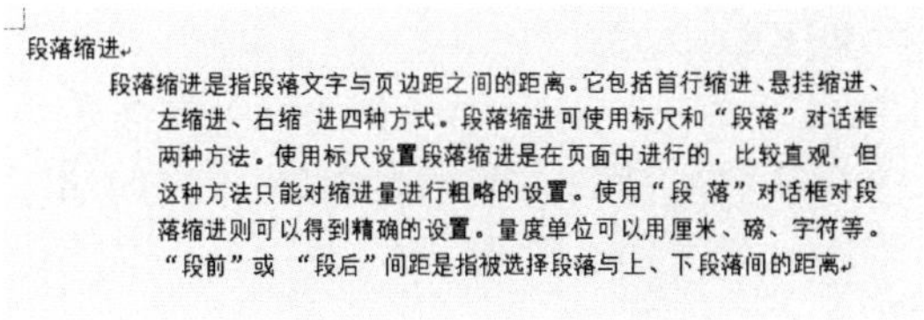

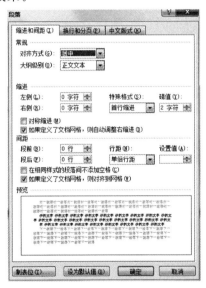

段落缩进

段落缩进是指段落文字与页边距之间的距离。它包括首行缩进、悬挂缩进、左缩进、右缩进四种方式。段落缩进可使用标尺和"段落"对话框两种方法。使用标尺设置段落缩进是在页面中进行的,比较直观,但这种方法只能对缩进量进行粗略的设置。使用"段落"对话框对段落缩进则可以得到精确的设置。量度单位可以用厘米、磅、字符等。"段前"或"段后"间距是指被选择段落与上、下段落间的距离。

图 3 - 44　使用标尺缩进段落

　　使用标尺设置段落缩进是在页面中进行的,比较直观,但这种方法只能对缩进量进行粗略的设置。使用"段落"对话框对段落缩进则可以得到精确的设置。量度单位可以用厘米、磅、字符等。"段前"或"段后"间距是指被选择段落与上、下段落间的距离,如图 3 - 45 所示,段落缩进设置完毕可在预览框预览效果。

图 3 - 45　"段落"对话框

　　(2)行间距与段间距

　　一篇美观的文档,其版面的行与行之间的间距是很重要的。距离过大会使文档显得松垮,过小又显得密密麻麻,不易于阅读。

　　行间距和段间距分别是指文档中段中行与行、段与段之间的垂直距离。Word 的默认行距是单倍行距。间距的设置方法有两种。

　　①选中要设置间距的段落,单击"开始"选项卡上"段落"组右下方的下拉按钮,在弹出的"段落"对话框中设置"行距"或"间距"。

　　②选中要设置间距的段落,直接单击"开始"选项卡上"段落"组的"行和段落间距"按钮,在弹出的下拉列表中选择一种合适的间距值即可。

六、字符快速输入

　　我们可以使用"自动更正"、"剪贴板"或"自动图文集"实现字符快速输入。

　　利用"自动更正"或"自动图文集"能够自动快速插入一些长文本、图像和符号。使用"自动更正"功能还可以自动检查并更正输入错误、误拼的单词、语法或大小写错误。如输入"offce"及空格,系统会自动更正为"office"。

1. 创建"自动更正"词条

若要添加在键入特定字符集时自动插入的文本条目,可以使用"自动更正"对话框,操作步骤如下。

①选择"文件"→"选项"命令。

②在弹出的"Word 选项"对话框中单击"校对"选项卡。

③单击"自动更正选项"按钮,然后单击"自动更正"选项卡。

④选中"键入时自动替换"复选框(如果尚未选中)。在"替换"输入框中输入"hnsf",在"替换为"文本框中输入"华南师范大学"。

⑤单击"添加"按钮,如图 3-46 所示。

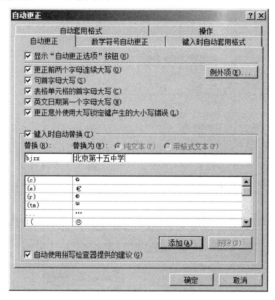

图 3-46 "自动更正"对话框

此时如在文档编辑区输入"bjzx",系统会自动替换成"北京第十五中学"。这种自动更正功能可以提高用户录入一些比较复杂且录入频率又高的文本或符号的效率,也可以作为更正全篇文档多处存在相同的某个错误录入字符或词组的简单方法。

2. 创建和使用自动图文集词条

在 Word 2010 中,可在自动图文集库中添加"自动图文集"词条。

若要从库中添加自动图文集,用户需要将该库添加到快速访问工具栏。添加库之后,可以新建词条,并将 Word 2003/2007 中的词条迁移至此库中。

向快速访问工具栏添加自动图文集步骤如下。

①选择"文件"→"选项"命令。

②在弹出的"Word 选项"对话框中单击"快速访问工具栏"选项卡。

③在"从下列位置选择命令"下的列表中,选择"所有命令"选项。滚动命令列表,直到看到"自动图文集"为止。

④选择"自动图文集"选项,然后单击"添加"按钮。

这时快速访问工具栏中将显示"自动图文集"按钮。单击"自动图文集"可以从自动图文集库中选择词条。

在 Word 2010 中,自动图文集词条作为构建基块存储。若要新建词条,使用"新建构建基块"对话框即可。如在"自动图文集"创建"北京第十五中学"词条。新建自动图文集词条的方法如下。

①在屏幕上空白处输入"北京第十五中学"后选中。

②在快速访问工具栏中,单击"自动图文集"按钮。

③单击"将所选内容保存到自动图文集库",会弹出"构建基块存储"对话框,如图 3-47 所示。

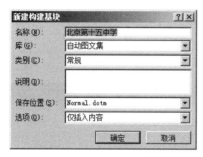

图 3-47　"构建基块存储"对话框

④单击"确定"按钮。

添加了词条后,用户如果需要输入"北京第十五中学",只要在屏幕输入"北京"两字即可在光标上方看到自动图文集词条的提示,这时按【Enter】键,该词条将自动输入在屏幕上。

"自动图文集"除了可以储存文字外,最能节省时间的地方在于可以储存表格、剪贴板,其操作与上述方法相同。

Word 2003 自动图文集词条可以迁移至 Word 2010,方法如下。

通过执行下列操作之一,将 Normal11.dot 文件复制到 Word 启动文件夹:

①如果计算机操作系统是 Windows 7,打开 Windows 资源管理器,然后将 Normal11.dot 模板从 C:\Users\用户名\AppData\Roaming\Microsoft\Templates 复制到 C:\Users\用户名\AppData\Roaming\Word\Startup 下。

②如果计算机操作系统是 Windows Vista,打开 Windows 资源管理器,然后将 Normal11.dot 模板从 C:\Users\用户名\AppData\Roaming\Microsoft\Templates 复制到 C:\Users\用户名\AppData\Roaming\Word\Startup 下。

如果在 Windows 资源管理器中未看到 AppData 文件夹,请依次单击"组织"、"文件夹和搜索选项"、"查看"选项卡和"显示隐藏的文件、文件夹和驱动器"。然后关闭并重新打开 Windows 资源管理器。

③如果计算机操作系统是 Windows XP,打开 Windows 资源管理器,然后将 Normal11.dot 模板从 C:\Documents and Settings\用户名\Application Data\Microsoft\Templates 复制到 C:\Documents and Settings\用户名\Appiication Data\Word\Startup 下。

Word 2007 自动图文集词条可以迁移至 Word 2010,方法很简单,在 Office Word 2007 中

打开 Normal11.dot 模板,将该文件另存为 AutoText.dotx,在系统提示时,单击"继续"按钮。

选择"文件"→"转换"命令,单击"确定"按钮即可。

3. 用"剪贴板"快速输入

(1)"Windows 剪贴板"与"Office 剪贴板"

"Windows 剪贴板"是 Windows 为其应用程序开辟的一块内存区域,用于程序间共享和交换信息。可以将文本、图像、文件等多种类型的内容放入剪贴板,但是 Windows 的剪贴板只能容纳一项内容,新内容将替换以前的。

(2)使用"Office 剪贴板"

要在同一时间反复输入一组长字符时,或者需要收集和粘贴多个项目,可以利用"开始"选项卡"剪贴板"组提供的剪贴板功能来完成。2010 版的"剪贴板"是 Office 通用的,如要多次输入"计算机公共课程",可将它先复制到剪贴板上,需要时,单击该剪贴板选项,"计算机公共课程"则可粘贴到光标处。"Office 剪贴板"最多可容纳 24 个项目,当复制或剪切第 25 项内容时,原来的第 1 项复制或剪切的内容将被清除。

七、输入特殊符号

在建立文档时,除了输入中文或英文外,还需要输入一些键盘上没有的特殊字符或图形符号,如数字符号、数字序号、单位符号和特殊符号、汉字的偏旁部首等。

1. 符号

有些符号没办法从键盘直接输入。例如:要在文中插入符号"★",操作步骤如下。

①确定插入点后,单击"插入"选项卡"符号"组的"符号"按钮,可显示一些可以快速添加的符号按钮,如果包含自己需要的符号,直接选择即可完成操作;如果没有找到自己想要的符号,可选择最下边的"其他符号"选项,如图 3-48 所示。

图 3-48 "符号"按钮

②弹出"符号"对话框,在"符号"选项卡下,在"字体"下拉列表选择字体,在"子集"下拉列表框中选择一个专用字符集,选中自己所需要的符号,如图 3-49 所示。

③单击"插入"按钮,或者在步骤②直接双击需要的符号即可在插入点后插入符号。

近期使用过的符号会按时间的先后顺序在用户单击"符号"按钮时出现,并且随时更新;另外,用户可以通过单击"符号"对话框中的"快捷键"按钮定义一些常用符号的快捷键,定义后只需要按定义即可快速输入相应符号。

图 3-49　"符号"对话框的"符号"选项卡

2. 特殊符号

通常，文档中除了包含一些汉字和标点符号外，为了美化版面还会包含一些特殊符号，具体操作步骤如下。

①确定插入点后，单击"插入"选项卡"符号"组的"符号"按钮，在弹出的下拉列表选择"其他符号"选项，如图 3-48 所示。

②在弹出的"符号"对话框里，单击"特殊字符"选项卡，如图 3-50 所示。

③在字符列表框中选中所需要的符号。

④单击"插入"按钮即可。

系统为某些特殊符号定义了快捷键，用户直接按这些快捷键就可插入该符号。

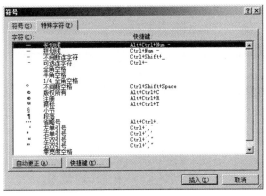

图 3-50　"特殊字符"选项卡

八、输入项目符号和编号

在描述并列或有层次性的文档时需要用到项目符号和编号，它可以使文档的层次分明，更有条理性，便于人们阅读和理解。Word 2010 提供了项目符号和编号功能，可以使用"项目符号"和"编号"按钮去设置项目符号、编号和多级符号。

1. 自动创建项目符号和编号

方法 1：在输入文本前，先输入数字或字母，如"1.""（一）""a)"等，后跟一个空格或制表符，然后输入文本。按下【Enter】键时，Word 自动将该段转换为编号列表。

方法 2：在输入文本前，先输入一个星号或一个连字符后跟一个空格或一个制表符，然后输入文本。按下【Enter】键时，Word 自动将该段转换为项目符号列表。

每次按下【Enter】键后，都能得到一个新的项目符号或编号。如果到达某一行后不需要该行带有项目符号或编号，可连续按两次【Enter】键，或选中该段落右击，在弹出的快捷菜单选择"项目符号"命令。

2. 添加项目符号

用户可以选择添加项目符号，在文档中添加项目符号的步骤如下。

选中要添加项目符号的文本（通常是若干个段落）。

①单击"开始"选项卡"段落"组的"项目符号"下拉按钮，会弹出下拉列表，如图 3-51 所示，该列表列出了最近使用过的项目符号，如果这里没有自己需要的项目符号，选择该列表下方的"定义新项目符号"命令。

②弹出"定义新项目符号"对话框，如图 3-52 所示，单击"符号"按钮，弹出"符号"对话框，如图 3-53 所示。

图 3-51 项目符号下拉列表

图 3-52 "定义新项目符号"对话框

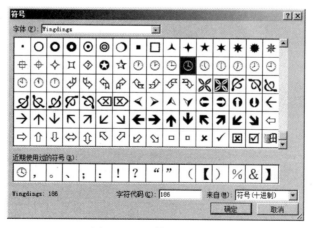

图 3-53 "符号"对话框

在"符号"对话框选择好某个字体集合，如"Windings"，这里选择一个时钟符号作为项目符号。

④单击"确定"按钮，返回到"定义新项目符号"对话框，此时预览框中的项目符号是步骤③

所选择的时钟符号。

⑤单击"确定"按钮,在选中的每个文档段落前将会插入项目符号。

3. 更改项目符号

项目符号设置后还可以进行更改。例如:将上例的项目符号改为笑脸,具体步骤如下所述。

①选中要更改项目符号的段落。

②重复上面添加项目符号步骤②~⑤,但注意在步骤④里必须选取新的项目符号为笑脸。

在添加项目符号步骤②里,如图 3-52 所示,单击"图片"按钮,可以在弹出的"图片项目"对话框中选择 Office 提供的图标作为项目符号,也可单击"导入"按钮,导入本地磁盘中的图片作为项目符号。另外,用户还可利用快捷菜单打开"项目符号"下拉列表,只需要在选中文本处后右击即可。

4. 添加编号

编号是按照大小顺序为文档中的行或段落添加编号。添加编号与添加项目符号的操作很类似,这里不再赘述,只是用户要特别注意编号的格式。可以单击"段落"组的"编号"右侧下拉按钮弹出下拉列表,选择"定义新编号格式"命令,在"定义新编号格式"对话框里进行指定格式和对齐方式的设置。

Word 提供了智能化编号功能。例如,在输入文本前,输入数字或字母,如"1."、"(一)"、"a)"等格式的字符,后跟一个空格或制表符,然后输入文本。当按【Enter】键时,Word 会自动添加编号到文字的前端。

同样,在输入文本前,若输入一个星号后跟一个空格或制表符(即【Tab】键),然后输入文本,并按【Enter】键,则会自动将星号转换成黑色圆点"●"的项目符号添加到段前。如果是两个连字号后跟空格,则会出现黑色方点符"■"。

按【Enter】键,下一行能自动插入同一项目符号或下一个序号编号。

如要结束编号,方法有两种,一是连续按两次【Enter】键,二是按下【Shift】键的同时,按【Enter】键。

5. 添加多级列表

多级列表可以清晰地表明各层次之间的关系。

【例】设置多级符号。设置二级符号编号。编号样式为 1,2,3,起始编号为 1。一级编号的对齐位置是 0 厘米,文字位置的制表位置是 0.7 厘米,缩进位置是 0.7 厘米。二级编号的对齐位置是 0.75 厘米,文字位置的制表位置是 1.75 厘米,缩进位置是 1.75 厘米。

操作步骤如下:

①单击"开始"选项卡"段落"组的"多级列表"按钮,然后在弹出的"多级列表"下拉列表中选择"定义新的多级列表"命令。

②在"定义新多级列表"对话框中,单击左下方的"更多"按钮,将对话框展开。

③对一级编号进行设置。在"单击要修改的级别"列表框中选择"1",在"此级别的编号样式"下拉列表框中选择"1,2,3,…",在"起始编号"下拉列表框中选择"3",在"输入编号的格式"栏中的"1"前加一个"第",后面加一个"章"字。此时,"输入编号的格式"文本框中应该是"第 3 章"。在位置的编号对齐位置输入 0 厘米;文本缩进位置输入 0.7 厘米,选中制表位添加位置复选框,在文字位置的制表位置输入 0.7 厘米。

④对二级编号进行设置。在"单击要修改的级别"列表框中选择"2",在"此级别的编号样式"下拉列表框中选择"1,2,3,…",在"起始编号"下拉列表框中选择"1",此时"输入编号的格式"栏中应该是"3.1"。在编号位置的对齐位置输入 0.75 厘米,选中制表位添加位置复选框,在文字位置的制表位置输入 1.75 厘米,缩进位置输入 1.75 厘米。

⑤如要编辑三级编号,依照二级编号的设置方法进行设置。

⑥依次按【Enter】键后,下一行的编号级别和上一段的编号同级,只有按【Tab】键才能使当前行成为上一行的下级编号;若要让当前行编号成为上一级编号,则要按【Shift＋Tab】组合键。

九、查找与替换

编辑好一篇文档后,往往要对其进行核校和订正,如果文档有错误,使用 Word 的查找或替换功能,可非常便捷地完成编辑工作。查找功能可以在文稿中找到所需要的字符及其格式。

替换功能不但可以替换字符,还可以替换字符的格式。在编辑中还可以用替换功能更换特殊符号。利用替换功能可以批量快速地输入重复的文稿。在查找或替换操作时,请注意查看和定义"查找和替换"对话框的"搜索选项"中各个选项,以免查找或替换操作得不到需要的结果。"搜索选项"中的选项含义如表 3－1 所示。

表 3－1 "搜索选项"选项含义

操作选项	操作含义
全部	操作对象是全篇文档
向上	操作对象是插入点到文档的开头
向下	操作对象是插入点到文档的结尾
区分大小写	查找或替换字母时需要区分字母的大小写的文本
全字匹配	在查找中,只有完整的词才能被找到
使用通配符	可以使用通配符,如"?"代表任一个字符
区分全角/半角	查找或替换时,所有字符要区分全角或半角才符合要求
忽略空格	查找或替换时,有空格的词将被忽略

查找或替换除了对普通字符操作之外,还可以对"格式"和"特殊符号"进行查找或替换操作,这些特殊符号类别如图 3－54 所示。而"格式"包括"字体"、"段落"、"制表位"、"语言"、"图文框"、"样式"和"突出显示",如图 3－55 所示。也就是说,除了对字符进行查找或替换外,还可以对上述各种"格式"进行查找或替换操作。

【例】请在文稿中查找"计算机"三个字。

在文档的查找操作中,通常是查找其中的字符,可按如下步骤操作:

①选择"开始"→"编辑"→"替换"命令;或者单击状态栏左端的"页面",两种方法都可以弹出"查找和替换"对话框。

②在"查找和替换"对话框的"查找内容"文本框中,输入要查找的字符"计算机",如图 3－56 所示。

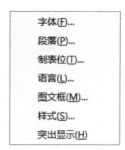

图 3-55　查找和替换的"格式"

图 3-54　查找和替换的"特殊符号"

图 3-56　"查找和替换"对话框

③单击"查找下一处"按钮,如果查找到,则光标以反白显示,继续单击"查找下一处"按钮,直至查找完成,如图 3-57 所示。

【例】将文稿中格式为"(中文)宋体""计算机"字符,格式替换为字体"(中文)华文彩云"、字号"四号"、字形"加粗"、字体颜色"深红"。

图 3-57　查找完成

本案例明显是一个"格式"替换操作。

①选择"开始"→"编辑"→"替换"命令;或者单击状态栏左端的"页面",在弹出的"查找和替换"对话框的"查找内容"文本框中,输入要替换格式的文字"计算机",单击"格式"按钮,并设置字符原格式(本例是"宋体"),如图 3-58 所示。

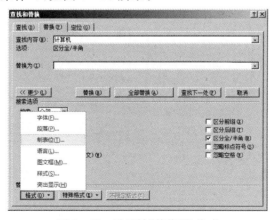

图 3-58　设置被"替换"的格式

②"替换为"文本框中,输入要替换的文字"计算机",在快捷菜单中选择"格式"命令。打开"格式"对话框,在格式对话框中,选择字体为"华文彩云",字号"四号"、字体颜色为"深红",字

形为“加粗”，如图 3－59 所示。单击“确定”按钮。

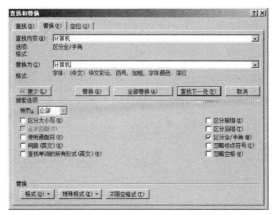

图 3－59 设置“替换为”的格式

③弹出的“查找和替换”对话框中，单击对话框中的“全部替换”按钮。文档替换前与替换后的结果，如图 3－60 所示。

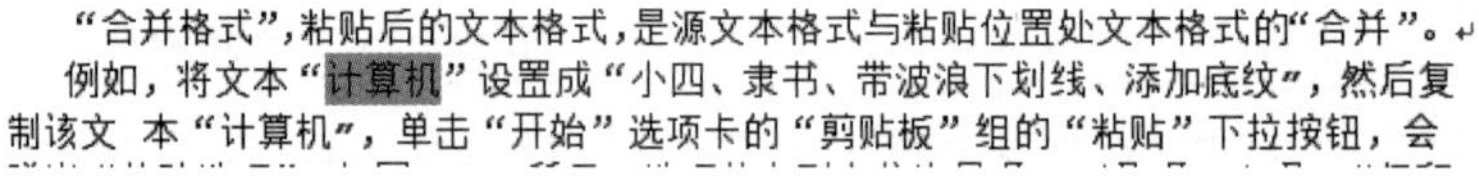

“合并格式”，粘贴后的文本格式，是源文本格式与粘贴位置处文本格式的“合并”。
例如，将文本“计算机”设置成“小四、隶书、带波浪下划线、添加底纹”，然后复制该文 本“计算机”，单击“开始”选项卡的“剪贴板”组的“粘贴”下拉按钮，会

图 3－60 替换格式前后的效果

十、分栏操作

分栏就是将文档分割成两三个相对独立的部分，如图 3－61 所示。利用 Word 的分栏功能，可以实现类似报纸或刊物、公告栏、新闻栏等的排版方式，既可美化页面，又可方便阅读。

分栏操作
分栏就是将文档分割成两三个相对独立的部分，如图 4-7 所示。利用 Word 的分栏功能，可以实现类似报纸或刊物、公告栏、新闻栏等的排版方式，既可美化页面，又可方便阅读。
(1)在文档中分栏
①选择要设置分栏的段落，或将光标置于要分栏的段落中。
②选择“页面布局”选项卡，单击“页面设置”组的“分栏”命令按钮。
③在“分栏”下拉列表中，可设置常用的一、二、三栏及偏左、偏右格局；如果有进一步的设置要求，可单击该列表的“更多分栏”选项，弹出“分栏”对话框如图 4-8 所示。
①选择要设置分栏的段落，或将光标置于要分栏的段落中。
②选择“页面布局”选项卡，单击“页面设置”组的“分栏”命令按钮。
③在“分栏”下拉列表中，可设置常用的一、二、三栏及偏左、偏右格局；如果有进一步的设置要求，可单击该列表的“更多分栏”选项，弹出“分栏”对话框如图 4-8 所示。
分栏就是将文档分割成两三个相对独立的部分，如图 4-7 所示。利用 Word 的分栏功能，可以实现类似报纸或刊物、公告栏、新闻栏等的排版方式，既可美化页面，又可方便阅读。
(1)在文档中分栏
①选择要设置分栏的段落，或将光标

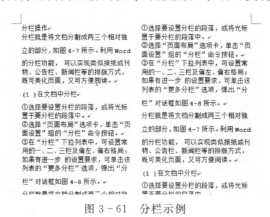

图 3－61 分栏示例

1. 在文档中分栏

①选择要设置分栏的段落，或将光标置于要分栏的段落中。

②选择“页面布局”选项卡，单击“页面设置”组的“分栏”命令按钮。

③在“分栏”下拉列表中，可设置常用的一、二、三栏及偏左、偏右格局；如果有进一步的设置要求，可单击该列表的“更多分栏”选项，弹出“分栏”对话框如图 3－62 所示。

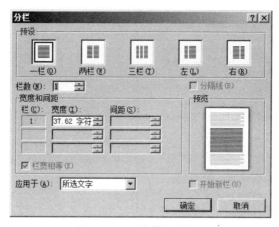

图 3-62　"分栏"对话框

2. 在文本框中分栏

在编辑文档时,有时由于版面的要求需要用文本框来实现分栏的效果,虽然在 Word 的菜单中不支持文本框的分栏操作,但可以通过在文档中插入多个文本框,设置文本框的链接,实现分栏效果。用文本框分栏的好处是,先以文本框定好分栏位置,再用文档复制的方式,把文稿粘贴到文本框内。若以两个文本框链接,分成左右两栏,可按如下步骤操作:

①单击"插入"选项卡的"插图"组的"形状"下拉按钮,选择横排文本框,在文档中插入两个横排的文本框。

②在第一个文本框中输入文字,文字部分有时会超出这个文本框的范围,如图 3-63 所示。

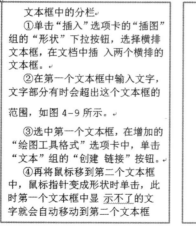

图 3-63　两个文本框链接前的效果

③选中第一个文本框,在增加的"绘图工具格式"选项卡中,单击"文本"组的"创建链接"按钮。

④再将鼠标移到第二个文本框中,鼠标指针变成 形状时单击,此时第一个文本框中显

示不了的文字就会自动移动到第二个文本框中,结果如图3-64所示。

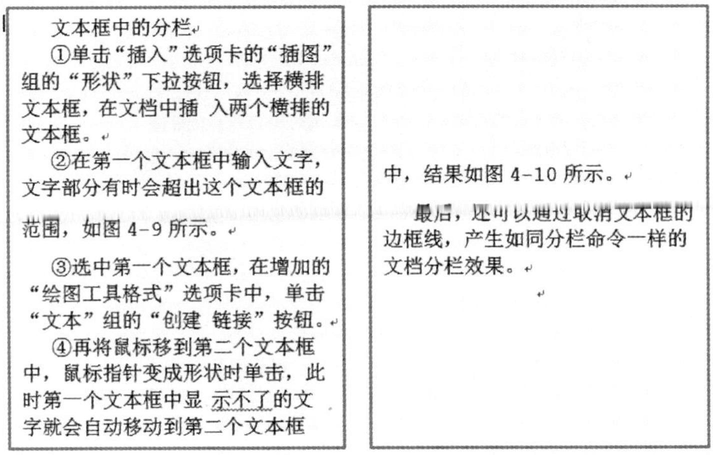

文本框中的分栏：
①单击"插入"选项卡的"插图"组的"形状"下拉按钮,选择横排文本框,在文档中插入两个横排的文本框。
②在第一个文本框中输入文字,文字部分有时会超出这个文本框的范围,如图4-9所示。
③选中第一个文本框,在增加的"绘图工具格式"选项卡中,单击"文本"组的"创建 链接"按钮。
④再将鼠标移到第二个文本框中,鼠标指针变成形状时单击,此时第一个文本框中显 示不了的文字就会自动移动到第二个文本框

中,结果如图4-10所示。
最后,还可以通过取消文本框的边框线,产生如同分栏命令一样的文档分栏效果。

图3-64　文本框链接后的效果

最后,还可以通过取消文本框的边框线,产生如同分栏命令一样的文档分栏效果。

十一、首字(悬挂)下沉操作

首字下沉或悬挂就是把段落第一个字符放大,以引起读者注意,并美化文档的版面样式,如图3-65所示。当用户希望强调某一段落或强调出现在段落开头的关键词时,可以采用首字下沉或悬挂设置。首字悬挂操作的结果是段落的第一个字与段落之间是悬空的,下面没有字符。

首字下沉或悬挂就是把段落第一个字符进行放大,以引起读者注意,并美化文档的版面样 式,如图4-11所示。当用户希望强调某一段落或强调出现在段落开头的关键词时,可以采用首字 下沉或悬挂设置。首字悬挂操作的结果是段落的第一个字与段落之间是悬空的,下面没有字符。

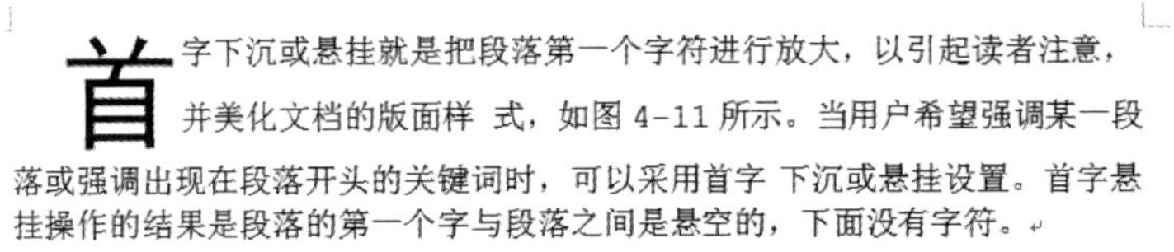

图3-65　首字下沉示例

设置段落的首字下沉或悬挂,可按如下步骤操作：

①选择要设置首字下沉的段落,或将光标置于要首字下沉的段落中。

②选择"插入"选项卡的"文本"组的"首字下沉"命令。

③在"首字下沉"下拉列表提供了"无"、"下沉"、"悬挂"三种选择,如果有进一步的设置要求,选择该列表的最后一项"首字下沉选项"命令,弹出"首字下沉"对话框进行设置即可,如图3-66所示。

若要取消首字下沉,可在"首字下沉"对话框中的"位置"选项区域中选择"无"选项。

图3-66　"首字下沉"对话框

十二、分节和分页

在 Word 编辑中,经常要对正在编辑的文稿进行分开隔离处理,如因章节的设立而另起一页,这时需要使用分隔符。常用的分隔符有三种:分页符、分栏符、分节符。

分页符:分页符是将文档从插入分页符的位置强制分页。在文档中插入分页符,表明一页结束而另一页开始。

分节符:在一节中设置相对独立的格式而插入的标记。要使文档各部分版面形态不同,可以把文档分成若干节。对每个节可设置单独的编排格式。节的格式包括栏数、页边距、页码、页眉和页脚等。例如:将两页设置成不同的艺术型页面边框,又如希望将一部分内容变成分栏格式的排版,另一部分设置不同的页边距,都可以用分节的方式来设置其作用区域。

十三、分栏符

它是一种将文字分栏排列的页面格式符号。为了将一些重要的段落从新的一栏开始,插入一个分栏符就可以把在分栏符之后的内容移至另一栏,具体操作详见分栏操作。

在文档中插入分隔符,可按如下步骤操作:

①光标定位于需要插入分隔符的位置。

②单击"页面布局"选项卡的"页面设置"组的"分页符"按钮。

③在弹出的"分页符"下拉列表中,可选择分隔符或分节符类型,如图 3-67 所示。

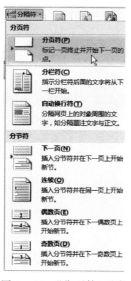

图 3-67　"分页符"列表

十四、修订的应用

文档完成输入以后,往往需要对文稿进行编辑修改,Word 的修订和批注功能可以完成此项工作。Word 的"修订"工具能把文档中每一处的修改位置标注起来,可以让文档的初始内容得以保留。同时,也能够标记由多位审阅者对文档所做的修改,让作者轻易地跟踪文档被修改的情况。修订完成后,可由作者决定修订标记是否继续保存,或只保留最终修订的结果。

1. 对文稿进行修订

①打开"修订"操作功能：选择"审阅"选项卡，单击"修订"组的"修订"按钮即可使文档处于修订状态，这时对文档的所有操作将被记录下来，单击"保存"按钮可将所有的修订保存下来。

设置"修订"选项：单击"审阅"选项卡的"修订"组的"修订"下拉按钮，在弹出的下拉列表中选择"修订选项"命令，会弹出"修订选项"对话框，在这里可分别对插入、删除、更改格式和修订行设置不同的颜色以示区别，如图 3 - 68 所示。

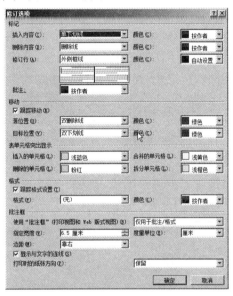

图 3 - 68　"修订选项"对话框

③在修订操作中有四种不同的显示方式，如图 3 - 69 所示。选择其中之一的选项，在文稿修订过程中将显示该选项的修订显示状态。

图 3 - 69　修订显示方式

"最终：显示标记"：显示标记的最终状态，在文稿中显示已修改完成的，带有修订标记的文稿。

"最终状态"：显示已完成修订编辑的，不带标记的文稿。

"原始：显示标记"：显示标记的原始状态，即显示带有修订标记的，有原始文稿状态的文稿。

"原始状态"：显示还没有做过任何修订编辑的，不带标记的原文稿。

④关闭"修订"：选择"审阅"选项卡，单击"修订"组中的"修订"按钮。关闭修订时，用户可以修订文档而不会对更改的内容做出标记。关闭修订功能不会删除任何已被跟踪的更改。

⑤使用状态栏的"修订"按钮来打开和关闭修订：如果发现状态栏上没有相关的按钮，可以

自定义状态栏,添加一个用来告知修订是打开状态还是关闭状态的指示器。

在状态栏上右击,在弹出的快捷菜单选择"修订"命令,此时该命令左边复选框处于选中状态,状态栏上也添加了"修订"按钮。在打开修订功能的情况下,可以查看在文档中所做的所有更改。在关闭修订功能时,可以对文档进行任何更改,而不会对更改的内容做出标记。单击状态栏上的修订按钮可在打开修订与关闭修订两种状态间轻松切换。

2. 插入与删除"批注"

"批注"是审阅添加到独立的批注窗口中的文档注释或者注解,当审阅者只是评论文档,而不直接修改文档时要插入批注,因为批注并不影响文档的内容。批注是隐藏的文字,Word 会为每个批注自动赋与不重复的编号和名称。

Word 2010 的默认设置是在文档页边距的批注框中显示删除内容和批注。用户也可以更改为以内嵌方式显示批注并将所有删除内容显示为带删除线,而不是显示在批注框中。Word 2010 提供了三种批注方式,可选择"审阅"→"修订"→"显示标记"→"批注框"命令查看。

插入批注:选中要插入批注的文本,选择"审阅"→"批注"→"新建批注"命令,在出现的批注文本框输入批注即可。

删除批注:选中要删除的批注,单击"批注"组的"删除"按钮即可。如果要一次将文档的所有批注删除,选择"批注"→"删除"→"删除文档中的所有批注"命令即可。

3. 设置"修订选项"对话框

在进行修订操作前应先设置好修订的样式,然后再进行修订。设置修订样式可通过"修订选项"对话框进行,具体操作步骤如下所述。

选择"审阅"选项卡的"修订"组的"修订"下拉按钮,在弹出的下拉列表中选择"修订选项"命令,会弹出"修订选项"对话框如图 3-68 所示,在"修订选项"对话框中对各选项进行设置。

为了显示修订四个项目不同的标记,需要对修订中的插入、删除、更改格式和有修订的行和段落设置不同的颜色和不同的标记形式以示区别。如本例设置的插入内容的标记是单下划线,颜色是鲜绿色。

在批注栏中也需要对批注框,包括批注的颜色进行设置,如图 3-68 所示。设置后的修订效果如图 3-70 所示。

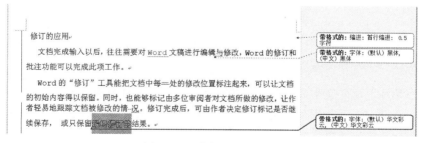

图 3-70　修订的显示效果

4. 设置"审阅"工具选项

如果需要在修订中显示插入、删除、更改格式、修订的行和批注的标记,必须单击"审阅"选项卡的"修订"组的"显示标记"下拉按钮,选中"批注"、"墨迹"、"插入和删除"、"设置格式"、"标记区域突出显示"、"审阅者"等命令,如图 3-71 所示。

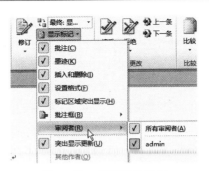

图 3-71 修订显示标记

5. 接受或拒绝修订

文档进行修订后,可以决定是否接受这些修改。如果要确定修改的方案,只需在修改的文字上右击,在弹出的快捷菜单中选择"接受删除"命令即可,如图 3-72 所示。

如果要删除修订,将光标放在需要删除修订的内容处,单击"审阅"选项卡的"更改"组的"拒绝"按钮即可。或者在需要删除修订的内容处右击,在弹出的快捷菜单中选择"拒绝删除"命令,如图 3-72 所示。

图 3-72 "接受修订"命令

十五、底纹与边框格式设置

为文档中某些重要的文本或段落增设边框和底纹,文稿中的表格同样也需要设置边框和底纹。边框和底纹以不同的颜色显示,能够使这些内容更引人注目,外观效果更加美观,能起到更突出和醒目的显示效果。

1. 设置表格、文字或段落的底纹

设置表格、文字或段落的底纹,可按如下步骤操作:

①选择需要添加底纹的表格、文字或段落。

②单击"开始"选项卡的"段落"组上的"所有框线"按钮;或者单击"开始"选项卡的"段落"组上的"所有框线"按钮旁边的下拉按钮(选择过一次后,系统将用"边框和底纹"按钮替换该按钮),在"边框和底纹"下拉列表中,选择"边框和底纹"命令。

③弹出"边框和底纹"对话框,如图 3 - 73 所示。

④在"边框和底纹"对话框,单击"底纹"选项卡,根据版面需求设置底纹的填充颜色、图案的样式和颜色等,如图 3 - 74 所示。

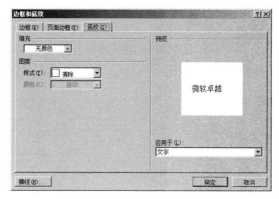

图 3 - 73　"边框和底纹"命令　　　　图 3 - 74　"边框和底纹"对话框

设置底纹时,应用的对象有"文字"、"段落"、"单元格"和"表格"底纹的区别,可在"应用于"的下拉列表框中选择。第一段是文字底纹,第五段是段落底纹的设置效果,如图 3 - 75 所示。

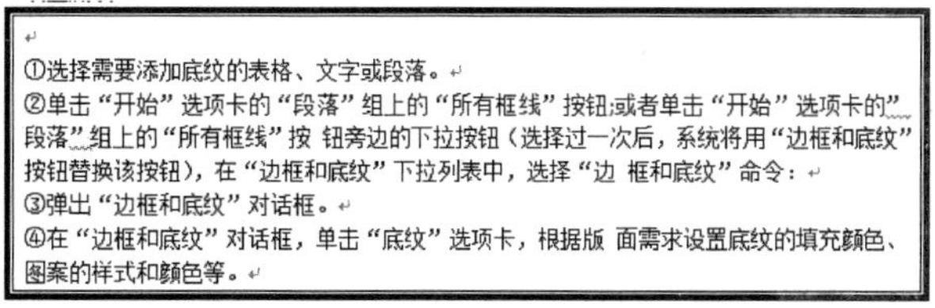

图 3 - 75　设置底纹

2. 设置表格、文字或段落的边框

给文档中的文本或段落添加边框,既可以使文本与文档的其他部分区分开来,又可以增强视觉效果。

设置文字或段落的边框,可按如下步骤操作:

①选择需要添加边框的文字或段落。

②单击"开始"选项卡的"段落"组上的"所有框线"按钮。

③在弹出的"边框和底纹"对话框中,选择"边框"选项卡,如图 3 - 76 所示,并设置边框的

图 3 - 76　"边框"选项卡

线型、颜色、宽度等。在"应用于"下拉列表框中选择应用于"文字"还是"段落",单击"确定"按钮。

如图 3-77 所示,第一段是文字边框,第五段是段落边框,边框线是"双波浪型"。文字与段落边框在形式上存在区别:前者是由行组成的边框,后者是一个段落方块的边框,它们的底纹也一样。

图 3-77　设置边框

设置表格边框,按以下步骤操作:

①选择需要添加边框的表格。

②单击"开始"选项卡的"段落"组上的"边框和底纹"按钮旁边的下拉按钮;或者右击在弹出的快捷菜单选择"边框和底纹"命令。

③在弹出的"边框和底纹"对话框中,选择"边框"选项卡,如图 3-77 所示,设置边框(包括边框内的斜线、直线、横线、单边的边框线)的线型、颜色、宽度等。

十六、页面设置

文档的页面设置就是指确定文档的外观,包括纸张的规格、纸张来源、文字在页面中的位置、版式等。文档最初的页面是按 Word 的默认方式设置的,Word 默认的页面模板是"Normal"。为了取得更好的打印效果,要根据文稿的最终用途选择纸张大小,纸张使用方向是纵向还是横向,每页行数和每行的字数等,可以进行特定的页面设置。

用户可以选择"页面布局"选项卡,该功能区中的"页面设置"组,提供"文字方向"、"页边距"、"纸张方向"、"纸张大小"、"分栏"、"分隔符"、"分页符"、"行号"、"断字"命令按钮,基本可以满足用户页面设置的常用要求,非常方便快捷。例如:要设置纸型为 B5,只需要在"页面设置"组里单击"纸张大小"按钮,在弹出的下拉列表里选中"B5"即可,如图 3-78所示。如果用户对页面设置有更进一步的要求,可以单击"页面设置"组右下方的按钮,打开"页面设置"对话框进一步设置。

图 3-78　"纸张大小"按钮

"页面设置"对话框的四个选项卡为"页边距"、"纸张"、"版式"和"文档网格"。

要注意的是,每个选项卡要选择"应用于"的范围,如"整篇文档"还是"插入点之后"的设置应用范围。

1."纸张"设置

关于"纸张"的设置,用户更快捷的设置方式是直接单击"页面布局"选项卡的"页面设置"组的相应按钮进行设置,如图 3-79 所示。

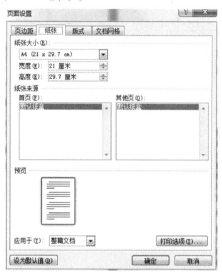

图 3-79 "纸张"选项卡

"纸张"选项卡可选择纸张的大小,Word 默认的纸张大小为 A4(宽度为 21 cm,高度为29.7 cm)。在"纸张"选项卡中,从"纸张大小"下拉列表框中选择需要的纸张型号,如图 3-79所示。如果需要自定义纸张的宽度和高度,在"纸张大小"下拉列表框中选择"自定义大小"选项,然后再分别输入"宽度"和"高度"值。

2."文字方向"、"文档网格"设置

"文档网格"选项卡可以设置每页的文字排列、每页的行数、每行的字符数等。"文档网格"设置的具体操作步骤如下所述。

①单击"页面布局"选项卡"页面设置"组的按钮。

②在弹出的下拉列表选择"行编号选项"。

③在弹出的页面设置对话框里选择"文档网络"选项卡,在这里进行相关选项的设置即可。如果选中"指定行和字符网格"单选按钮,可以在对话框下的"每行"和"每列"的下拉框中决定每页的行数和每行的字符数。

"文字排列"可以选择每页文字排列的方向。如图 3-80 所示,在"页面设置"对话框的"文档网络"选项卡有"水平"和"垂直"两个单选按钮可供选择。还可选择文档是否分栏以及分栏的栏数。此外,也可通过"页面布局"选项卡"页面设置"组的"文字方向"按钮进行文字方向的设置,该按钮列表不仅提供了"水平"和"垂直"方向,还提供了旋转角度方向。

3."页边距"设置

"页边距"选项卡可以设置每页的页边距。页边距是指正文与纸张边缘的距离,包括上、

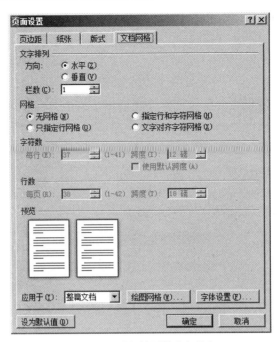

图 3－80　"文档网格"选项卡

下、左、右页边距。

　　"页面设置"对话框的"页边距"选项卡中还提供了两种页面方向"纵向"和"横向"的设置。如果设置为"横向",则屏幕显示的页面是横向显示,适合于编辑宽行的表格或文档,如图 3－81 所示。

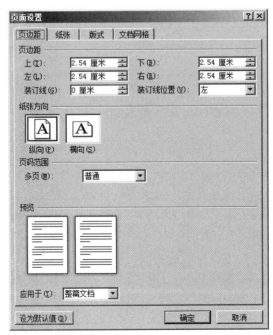

图 3－81　"页边距"选项卡

4. "版式"设置

"版式"选项卡用来设置节、页眉和页脚的位置。

5. 横向设置应用

如果在一个文档中要使某些页面设置成横向方式,可以通过插入"分节符",然后利用"页面设置"功能实现。如果要设置成如图 3-82 所示的版式,可按如下步骤操作:

图 3-82　横向页面设置

①在需要设置横向页面格式之处插入分节符。单击"页面布局"选项卡"页面设置"组的"分隔符"按钮,弹出"分页符"下拉列表,然后选中"分节符"选项区域的"下一页"选项,如图 3-83 所示。

②单击"页面布局"选项卡"页面设置"组的"纸张方向"按钮,在弹出的下拉列表中,选择"横向"选项即可。

十七、页面格式化设置

文稿的页面可以设置背景颜色,也可以对整个页面加上边框,或在页面中某处增加横线,以增加页面的艺术效果。

页面设置可选择"页面布局"选项卡的"页面背景"组命令实现设置背景颜色和填充效果、页面边框和底纹,并能设置水印。

单击"页面布局"选项卡的"页面背景"组命令的"页面边框"按钮,可以设置页面的边框线型、线的宽度和颜色,也可以单击"横线"按钮,在页面的某处设置合适的横线。设置完毕后,还要选择应用范围,如应用于"整篇文章"还是"本节"。

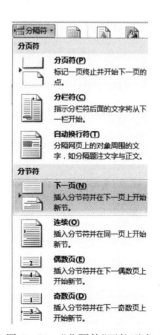

图 3-83　"分隔符"下拉列表

1. 设置页面背景

Word 提供了设置文档页面背景色的功能,利用这个功能可以为文档的页面设置背景色,背景色可以选择填充颜色、填充效果(如渐变、纹理、图案或图片)。例如:给文档加上一张图片作为背景,可按如下步骤操作。

①单击"页面布局"选项卡的"页面背景"组命令的"页面颜色"按钮。

②在弹出的下拉列表选择"填充效果"命令,如图 3-84 所示。

③在弹出的"填充效果"对话框中,选择"图片"选项卡,如图 3-85 所示,然后单击"选择图片"按钮。

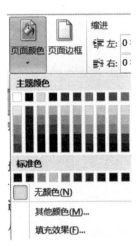

图 3-84　选择"填充效果"命令　　　　图 3-85　"图片"选项卡

④在弹出的"选择图片"对话框中,选择某张图片,如图 3-86 所示。

图 3-86　选择图片

2. 设置页面水印

可以在文稿的背景中增添"水印"。例如:在页面上增加"公司文件"字样的水印效果,操作步骤如下。

①单击"页面布局"选项卡的"页面背景"组命令的"水印"按钮。

②在弹出的下拉列表中选中"自定义水印"命令,会弹出"水印"对话框,如图 3-87 所示。

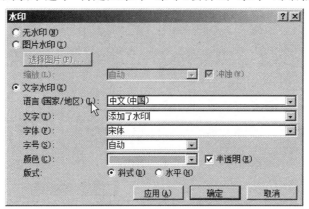

图 3-87 "水印"对话框

③在"水印"对话框的"文字"文本框中输入"添加了水印",按要求选择字体、尺寸、颜色,并选择"半透明"复选框,版式为斜式。单击"确定"按钮,效果如图 3-88 所示。

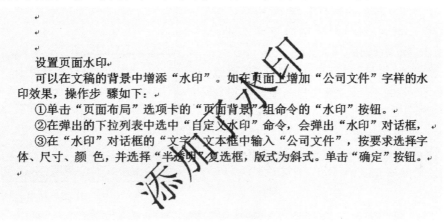

图 3-88 水印效果

在步骤③时,如果用户所需要的水印效果已在水印下拉列表的水印库中,可以直接单击选中即可给文档页面添加上相应的水印效果。

3. 设置页面边框

Word 文档中,除了可以给文字和段落添加边框和底纹外,还可以为文档的每一页添加边框。为文档的页面设置边框,可按如下步骤操作:

①单击"页面布局"选项卡"页面背景"组的"页面边框"按钮,弹出"边框和底纹"对话框。

②选择"边框和底纹"对话框的"页面边框"选项卡。

③在"设置"选项区域中选择"方框",并在"线型"列表框中选择一种线型,如图 3-89 所示。也可以在"艺术型"下拉列表框中选择一种带图案的边框线,如图 3-90 所示。

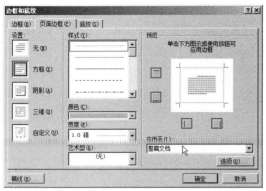

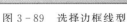

图 3-89　选择边框线型

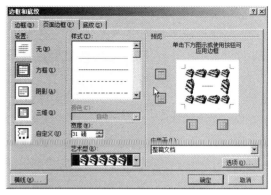

图 3-90　"艺术型边框线

4. 设置页面内横线

为文档的页面添加横线,可按如下步骤操作:

①单击"页面布局"选项卡"页面背景"组的"页面边框"按钮,弹出"边框和底纹"对话框。

②选择"边框和底纹"对话框的"页面边框"选项卡,单击"横线"按钮。

③在弹出的"横线"对话框中选择一种横线的样式,如图 3-91 所示。所选择的横线将设置于回车符下方,与页面同宽。可以通过单击该横线,调节长短和确定位置。

在文档页面中添加背景、页边框和横线后,效果如图 3-92 所示。

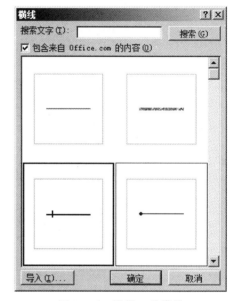

图 3-91　选择一种横线

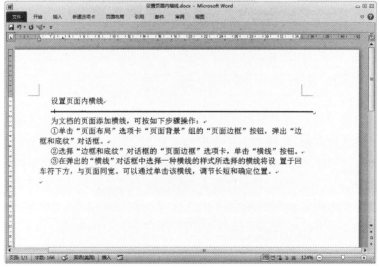

图 3-92　页面格式化的效果

任务四　Word 2010 图文混排

【任务描述】

小张已经能够处理日常的文档排版工作了,公司成立五周年,领导准备把相关宣传工作安排给小张,要求小张做几个宣传刊,这里面涉及到了文档中各种元素的编辑,这下难坏了小张。

【任务分析】

一篇文稿,除了字符之外,往往还需要有图形、表格、图表配合说明。如果是学术文稿,有时还需要输入公式和流程图示。此外 Word 还提供了如文本框这样的特殊的文稿输入方式,以使文稿在排版上更符合实际需要。

本部分求熟悉图片、剪贴画、形状(绘图)、SmartArt、公式、艺术字、书签、表格和文本框的建立应用。这些插入元素在文稿中的创建经常与文稿调整有密切的关系。所以要求在学习中注重多次调试,尤其要求掌握插入对象后,对对象的快捷菜单的操作应用和菜单的各种操作对加工、调整插入对象的最终效果有着重要的作用。

【任务实现】

插入元素如图表、SmartArt、形状(绘图)、文本框、图片、艺术字等元素在被选中操作时,在选项卡栏的右侧都会出现相应的该插入元素的工具选项卡,下面的功能区就是该工具选项卡的详细应用,请认真掌握插入元素的工具选项卡的应用,才能快速准确插入各元素。

一、插入文本框

Word 在文稿输入操作时,在光标引导下,按从上到下,从左到右的顺序进行输入。在实际的文稿排版中,往往有不同的要求,这些要求并不是可以用分栏或格式化就能完成的。引入文本框操作,能较好地完成排版的特殊要求。例如:可以在页面的任何位置完成文稿的输入或图片、表格等元素的插入操作。

文本框属于一种图形对象,它实际上是一个容器,可以放置文本、表格和图形等内容。用文本框可以创造特殊的文本版面效果,实现与页面文本的环绕、脚注或尾注。文本框内的文本可以进行段落和字体设置,并且文本框可以移动,调节大小。使用文本框可以将文本、表格、图形等内容像图片一样放置在文档中的任意位置,即实现图文混排。

根据文稿的需要,单击"插入"选项卡"文本"组的"文本框"按钮后,在文本框下拉列表选择"绘制文本框"命令,光标变为十字形,在页面的任意位置拖动形成活动方框。在这个活动方框中可以输入文字或图片。

【例】如图 3-93 所示,建立和输入三个文本框,输入文字(可复制文字)和插入图片。完成后,去除三个文本框的边框线。

①单击"插入"选项卡"文本"组的"文本框"按钮后,在弹出的文本框下拉列表选择"绘制文本框"命令。

②这时光标变成十字形,在文档中任意位置拖动,即自动增加一个"活动"的文本框,如图 3-94 所示。这个活动的文本框可以被拖动到任何位置,或调整大小。

③在文本框中输入文字,如图 3-93 所示。插入的图片有自动适应功能,可自动调节图片

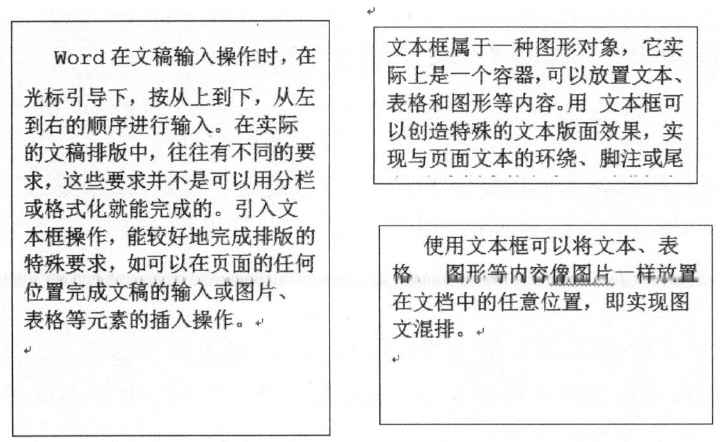

Word 在文稿输入操作时，在光标引导下，按从上到下，从左到右的顺序进行输入。在实际的文稿排版中，往往有不同的要求，这些要求并不是可以用分栏或格式化就能完成的。引入文本框操作，能较好地完成排版的特殊要求，如可以在页面的任何位置完成文稿的输入或图片、表格等元素的插入操作。
文本框属于一种图形对象，它实际上是一个容器,可以放置文本、表格和图形等内容。用 文本框可以创造特殊的文本版面效果，实现与页面文本的环绕、脚注或尾
使用文本框可以将文本、表格　图形等内容像图片一样放置在文档中的任意位置，即实现图文混排。

图 3-93　输入文本框内容

文档5 - Microsoft Word
绘图工具
文件
开始
插入
新建选项卡
页面布局
引用
邮件
审阅
视图
格式
页面: 1/1
字数: 0
中文(中国)
插入
124%

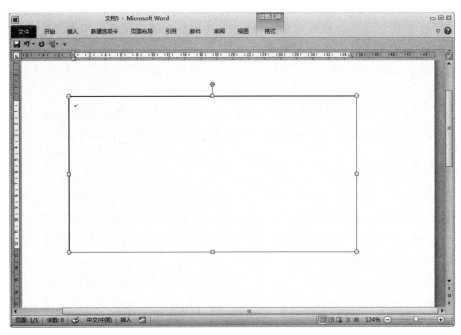

图 3-94　插入文本框

大小与文本框相适应。

④去除文本框的边框线。选中文本框并右击，在快捷菜单中选择“设置形状格式”命令，在弹出的“设置形状格式”对话框（见图 3-95）中，选择“填充”选项卡，并选择“无填充”选项；选择“颜色与线条”选项卡，并选择“无线条”选项，如图 3-96 所示。

⑤逐一去除各个文本框的边框线，最后的效果如图 3-97 所示。

【例】在文本框中添加边框线和填充底色。为文本框添加绿色边框、黄色底纹。

①右击“文本框”，在弹出的快捷菜单中选择“设置形状格式”命令。

②在“设置形状格式”对话框中（见图 3-95），设置“填充”颜色为黄色、线条的颜色为绿色和虚实线样式，结果如图 3-98 所示。

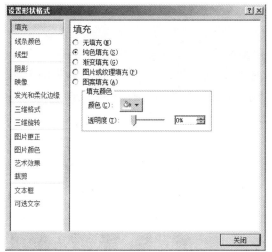

设置形状格式
填充
线条颜色
线型
阴影
映像
发光和柔化边缘
三维格式
三维旋转
图片更正
图片颜色
艺术效果
裁剪
文本框
可选文字
填充
无填充(N)
纯色填充(S)
渐变填充(G)
图片或纹理填充(P)
图案填充(A)
填充颜色
颜色(C):
透明度(T):
0%
关闭

图 3－95　“设置形状格式”对话框

设置形状格式
填充
线条颜色
线型
阴影
映像
发光和柔化边缘
三维格式
三维旋转
图片更正
图片颜色
艺术效果
裁剪
文本框
可选文字
线条颜色
无线条(N)
实线(S)
渐变线(G)
关闭

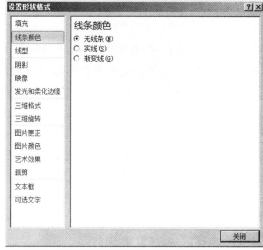

图 3－96　“设置文本框格式”对话框

Word 在文稿输入操作时，在
光标引导下，按从上到下，从左到右的顺序进行输入。在实际的文稿排版中，往往有不同的要求，这些要求并不是可以用分栏或格式化就能完成的。引入文本框操作，能较好地完成排版的特殊要求，如可以在页面的任何位置完成文稿的输入或图片、表格等元素的插入操作。
文本框属于一种图形对象，它实际上是一个容器，可以放置文本、表格和图形等内容。用 文本框可以创造特殊的文本版面效果，实现与页面文本的环绕、脚注或尾
使用文本框可以将文本、表格、 图形等内容像图片一样放置在文档中的任意位置，即实现图文混排。

图 3－97　没有边框线的文本框

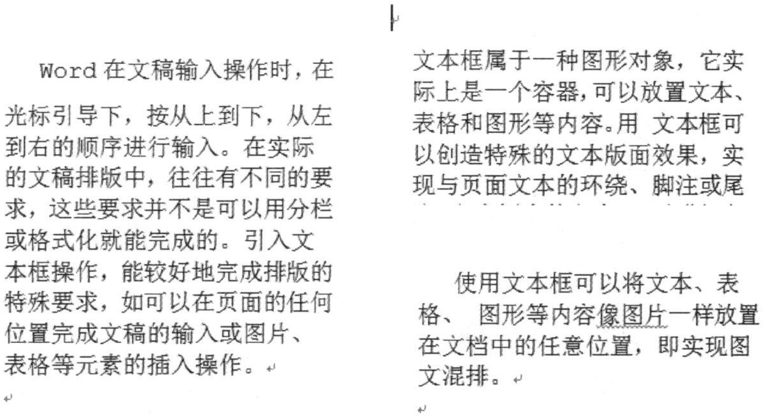

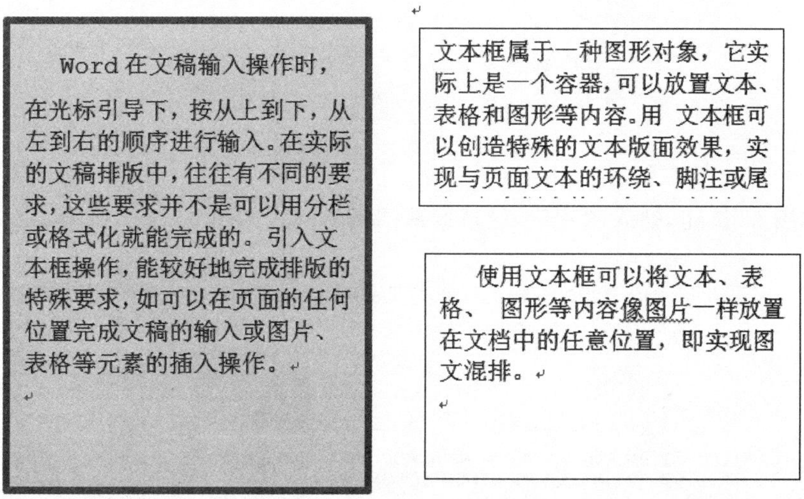

Word 在文稿输入操作时，
在光标引导下，按从上到下，从左到右的顺序进行输入。在实际的文稿排版中，往往有不同的要求，这些要求并不是可以用分栏或格式化就能完成的。引入文本框操作，能较好地完成排版的特殊要求，如可以在页面的任何位置完成文稿的输入或图片、表格等元素的插入操作。
文本框属于一种图形对象，它实际上是一个容器，可以放置文本、表格和图形等内容。用 文本框可以创造特殊的文本版面效果，实现与页面文本的环绕、脚注或尾
使用文本框可以将文本、表格、 图形等内容像图片一样放置在文档中的任意位置，即实现图文混排。

图 3－98　带边框线的文本框

二、插入图片

Word 可在文档中插入图片,图片可以从剪贴画库、扫描仪或数码照相机中获得,也可以从本地磁盘(来自文件)、网络驱动器以及互联网上获取,还可以取自 Word 本身自带的剪贴图片。图片插入在光标处,此外,还必须经过图片的快捷菜单,如"设置图片格式"、调整图片的大小、设置与本页文字的环绕关系等,以取得合适的编排效果。

插入各种类型图片的操作都可以通过单击"插入"选项卡的"插图"组的相应的按钮来实现,图 3-99 所示为系统提供的"插图"组命令按钮,允许用户插入包括来自文件的图片、剪贴画、现成的形状(如文本框、箭头、矩形、线条、流程图等)、SmartArt(包括图形列表、流程图及更为复杂的图形)、图表及屏幕截图(插入任何未最小化到任务栏的程序图片)。

图 3-99 "插图"组命令

1. 插入来自文件的图片

①将光标置于要插入图片的位置。

②选择"插入"选项卡,单击"插图"组"图片"按钮命令。

③在"插入图片"对话框的"地址"下拉列表框中,选择图片文件所在的文件夹位置,并选择其中要打开的图片文件,如图 3-100 所示。

图 3-100 "插入图片"对话框

④单击"插入"按钮,插入图片后,经过菜单调整的格式如图 3-101 所示。

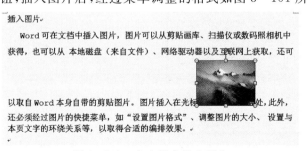

图 3-101 在文档中插入图片

2. 插入剪贴画

Word 自带一个内容丰富的剪贴画库,包含 Web 元素、背景、标志、地点、工业、家庭用品和装饰元素等类别的实用图片,用户可以从中选择并插入到文档中。在文档中插入剪贴画,可按如下步骤操作:

①将光标置于要插入图片的位置。

②选择"插入"选项卡,单击"插图"组的"剪贴画"按钮。

③在"剪贴画"任务窗格中,单击"搜索"按钮,让 Word 搜索出所有剪贴画,如图 3 - 102 所示,或者在"搜索文字"文本框中输入剪贴画的类型,如"汽车"。

④双击"剪贴画"任务窗格的其中一幅剪贴画,即可将选择的剪贴画插入到文档中。

3. 插入形状(自选图形)

插入形状包括插入现成的形状,如矩形和圆、线条、箭头、流程图、符号与标注等,图 3 - 103 所示为系统提供的可插入的形状列表。插入形状的操作步骤和插入图片及剪贴画类似。

根据文稿的需要,绘制的图形可由单个或多个图形组成。多个图形,可以通过"叠放次序"或"组合"操作,再组合成一个大的图形,以便根据文稿要求插入到合适的位置。

(1)单个图形的制作步骤

①根据文稿要求,单击"插入"选项卡的"插图"组的"形状"按钮,从"形状"下拉列表中选择合适的形状,如图 3 - 103 所示。

②将已经变成十字标记的鼠标指针定位到要绘图的位置,拖动鼠标,可得到被选择的图形,可将图形拖动到文稿的适当位置。

③图形中有 8 个控制点,可以调节图形的大小和形状。另外,拖动绿色小圆点可以转动图形,拖动黄色小菱形点可改变图形形状,或调整指示点。

(2)多个图形制作步骤

①分别制作单个图形。

②按设计总体要求,调整各图形的位置。

③拖动单个图形到合适位置。利用"绘图工具"→"格式"选项卡的"排列"组的命令按钮,选择"对齐"按钮对图形进行对齐或分布调整;选择"旋转"按钮设置图形的旋转效果。

④多图形重叠时,上面的图形会挡住下面的图形,单击"绘图工具"→"格式"选项卡的"排列"组的按钮,分别选择"上移一层"按钮、"下移一层"按钮调整各图形的叠放次序,改变重叠区的可见图形。

(3)在图形中添加文字

①在要添加文字的图形上方右击,在弹出的快捷菜单中选择"添加文字"命令。

图 3 - 102　"剪贴画"窗格

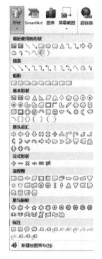

图 3 - 103　"形状"下拉列表

②在插入点处输入字符,并适当格式化。

(4)多个图形组合

多个单独的图形,通过"组合"操作,形成一个新的独立的图形,以便于作为一个图形整体参与位置的调整。

①激活图形后,单击利用"绘图工具"→"格式"选项卡上的"排列"组的"选择窗格"按钮,在弹出的"选择和可见性"任务窗格中选中要组合的各个图形。

②单击"绘图工具"→"格式"选项卡的"排列"组的"组合"按钮,选择"组合"命令,几个图形即组合为一个整体。

要取消图形的组合,单击"取消组合"即可。

【例】建立以图3-104为实例的"仓库管理操作流程图"。

①单击"插入"选项卡"插图"组的"形状"按钮,然后选择"流程图"选项。

②根据案例选择所需的图形,在需要绘制图形的位置单击并拖动鼠标也可以双击选择所选的图形。

"流程图"下的每个图形都在流程图中有具体的"标准"的应用意义。例如:矩形方框是"过程"框,而圆角的矩形框,是"可选过程"。所以绘制标准要求高的流程图时,使用"流程图"图形要注意其图形含义,必须符合应用标准。光标放于该图形之中,可以得到该图形的含义。

③在图形中输入所需的文字并设置字符格式。

④用同样的方法,绘制出其他的图形,并为其添加和设置文字,拖动到适当的位置,如图3-104所示。

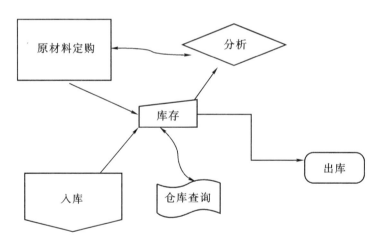

图3-104 仓库管理操作流程图

⑤对绘制出来的图形,可以对其重新进行调整,如改变大小、填充颜色、线条类型与宽度以及设置阴影与三维效果等。再利用"绘图"工具的"组合"命令,将相互关联的图形组合为一个图形,以便于插入文档中使用。

4."图片工具"→"格式"选项卡

插入图片后单击激活图片,在选项卡区会自动增加一个"图片工具"→"格式"选项卡,利用上边的调整、图片样式、排列和大小4个组的按钮命令可对图片进行各种设置。前述的"设置图片格式"对话框法能设置的图片效果,利用"图片工具"→"格式"选项卡也同样能完成。

（1）设置图片大小

方法1：利用"图片工具"→"格式"选项卡设置图片大小的操作步骤如下：

①激活图片，在选项卡区会自动增加一个"图片工具→格式"选项卡。

②在"大小"组命令里有"高度"、"宽度"两个输入框，分别输入高度、宽度值，会发现选中的图片大小立刻得到了调整。

方法2：用户可以利用右击图片，在弹出的快捷菜单中，直接输入高度、宽度值的方法设置图片的大小。注意，高度、宽度列表会根据鼠标单击位置来调整出现在快捷菜单的上方还是正文，以便整个菜单能全部在屏幕上显示完整。

方法3：选中要调整大小的图片，图片四周会出现8个方块，将鼠标指针移动到控点上，按下左键并拖动到适当位置，再释放左键即可。这种方法只是粗略的调整，精细调整需采用方法1或方法2。

（2）剪裁图片

利用"图片工具"→"格式"选项卡裁剪图片大小的操作步骤如下：

①激活图片，在选项卡区会自动增加一个"图片工具"→"格式"选项卡。

②单击"大小"组命令的"裁剪"按钮，在弹出的下拉列表选择"裁剪"命令，如图3-105所示。

③这时图片周围会出现8个裁切定界框标记，拖动任意一个标记都可达到裁剪效果，如果是拖动右下方则可以按高度、宽度同比例裁剪，图3-106所示是裁剪为心形的效果图。

图3-105　"裁剪"命令　　　　图3-106　图片裁剪效果

（3）设置图片与文字排列方式

用户可以根据排版需要设置图片与文字的排列方式，具体操作步骤如下：

①激活图片，在选项卡区会自动增加一个"图片工具"→"格式"选项卡。

②单击"排列"组命令的"自动换行"按钮，在弹出的下拉列表选择一种文字环绕方式即可，如图3-107所示。在"自动换行"列表里，除了可以选择预设的效果，如嵌入式、四周型环绕、上下型环绕等，还可选择"其他布局选项"，在弹出的"布局"对话框中设置图片的位置，如图3-108所示。

（4）为图片添加文字

使用 Word 2010 文档提供的自选图形不仅可以绘制各种图形，还可以向自选图形中添加文字，从而将自选图形作为特殊的文本框使用。但是，只有在除了"线条"以外的"基本形状""箭头总汇""流程图""标注""星与旗帜"等自选图形类型中才可以添加文字。在 Word 2010 自选图形中添加文字的步骤如下所述：

图 3-107 "自动换行"效果　　　　　　　图 3-108 "布局"对话框

①打开 Word 2010 文档窗口,右击准备添加文字的自选图形,并在打开的快捷菜单中选择"添加文字"命令,如果被选中的自选图形不支持添加文字,则在快捷菜单中不会出现"添加文字"命令。

②自选图形进入文字编辑状态,根据实际需要在自选图形中输入文字内容即可;用户可以对自选图形中的文字进行字体、字号、颜色等格式设置。

图 3-109 所示为添加文字后的七角星自选图形。

图 3-109 添加文字

(5)删除图片背景

Word 2010 可以轻松去除图片的背景,图 3-110 所示是原图,图 3-111 所示是删除背景后的效果图,具体操作步骤如下:

图 3-110 原图　　　　　　　　　图 3-111 删除背景后的图

①选择 Word 文档中要去除背景的一张图片,然后单击"图片工具"→"格式"选项卡的"调整"组的"删除背景"按钮。

②进入图片编辑状态,拖动矩形边框四周上的 8 个控制点,以便圈出最终要保留的图片区域,如图 3-112 所示。

图 3-112 选定保留的图片区域

③完成图片区域的选定后,单击选项卡栏中的"背景消除"选项卡的"关闭"组的"保留更改"按钮,或直接单击图片范围以外的区域,即可去除图片背景并保留矩形圈中的部分,如图 3-112所示。如果希望不删除图片背景并返回图片原始状态,则需要单击功能区中的"背景消除"选项卡的"关闭"组的"放弃所有更改"按钮。

通常只需调整矩形框括起来要保留的部分,即可得到想要的结果。但是如果希望可以更灵活地控制要去除背景而保留下来的图片区域,可能需要使用以下几个工具,在进入图片去除背景的状态下执行这些操作:

单击选项卡栏中"背景消除"选项卡的"优化"组的"标记要保留的区域"按钮,指定额外的要保留下来的图片区域。

单击选项卡栏中"背景消除"选项卡的"标记要删除的区域"按钮,指定额外的要删除的图片区域。

单击选项卡栏中"背景消除"选项卡的"删除标记"按钮,可以删除以上两种操作中标记的区域。

(6)设置图片艺术效果

为图片设置艺术效果的操作步骤如下所述:

①选择 Word 文档中要添加艺术效果的一张图片,然后单击"图片工具"→"格式"选项卡的"调整"组的"艺术效果"按钮。

②在弹出的"艺术效果"列表中选择一种艺术效果,如"玻璃",图 3-113 所示为将图 3-110 设置"玻璃"艺术效果后的图片。

(7)设置图片样式

直接选中一幅图片,激活图片后,在"图片样式"组单击选中"图片样式"列表框的一种图片样式,即可为图片设置一种样式。图 3-114 所示为设置了"金属椭圆"样式的效果。

(8)调整图片颜色

①选中激活图片后,在"调整"组单击"颜色"按钮,会弹出"颜色"命令列表,如图 3-115 所示。

②在"颜色"命令列表分别设置"颜色饱和度"为"0%","色调"为"色温:4700K","重新着

图 3-113 "玻璃"艺术效果

图 3-114 "金属椭圆"样式

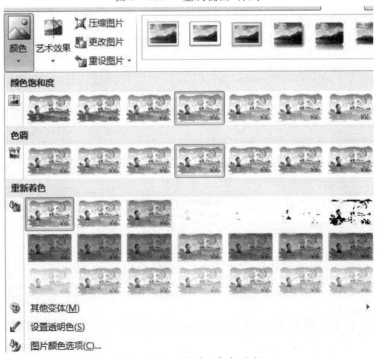

图 3-115 "颜色"命令列表

色"为"水绿色,强调文字颜色 5 浅色",效果如图 3-116 所示。

图 3-116　调整图片颜色后的效果

用户还可以在"颜色"命令列表选择"其他变体"、"设置透明色"或"图片颜色选项"进一步设置,达到自己所要的图片效果。

(9)将图片换成 SmartArt 图

Word 2010 的 SmartArt 图是非常优秀的图形,用户可以通过简单的操作将现有的普通图片转换成 SmartArt 图,本实例中将 5 幅各自独立的普通图片转化成 SmartArt。图 3-117 所示为最后转化成 SmartArt 的结果图,具体操作步骤如下所述:

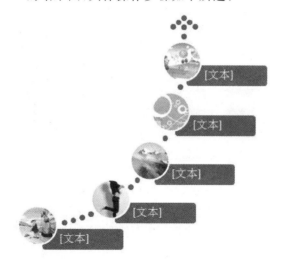

图 3-117　转化成的 SmartArt 图

①在文档中插入 5 幅普通的图片,紧凑排列在一起如图 3-118 所示。

②激活图片,单击"图片工具"→"格式"选项卡"排列"组的"自动换行"按钮,选择将 5 幅图片都设置成"浮于文字上方"。

③激活一幅图片,"排列"组的"选择窗格"按钮变成可选,单击该按钮,在弹出的"选择和可见性"任务窗格中选中 5 幅图片。

④在步骤③选中 5 幅图片基础上,单击"图片样式"组的"图片版式"按钮,在弹出的"图片版式"列表框选择一种版式,如"升序图片重点流程",如图 3-119 所示。

图 3-118　5 幅普通图

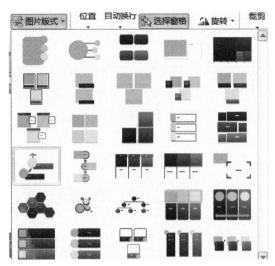

图 3-119　选择图片版式

⑤这时,原来的 5 幅图片已经转化成了 SmartArt 图,并且窗口的选项卡栏增加了"Smart-Art 工具"→"设计"选项卡,用户可以利用该选项卡的"SmartArt 样式"组的命令按钮对 SmartArt 图的颜色及样式进行设置,如选择"更改颜色"为"彩色范围强调颜色 5 至 6",当然也可以在"布局"重新调整布局,或在"重置"组重设图形。最后效果图如图 3-117 所示。

三、插入 SmartArt 图

在实际工作中,经常需要在文档中插入一些图形,如工作流程图、图形列表等比较复杂的图形,以增加文稿的说明力度。Word 2010 提供了 SmartArt 功能,SmartArt 图形是信息和观点的视觉表示形式。可以通过从多种不同布局中进行选择来创建 SmartArt 图形,从而快速、轻松、有效地传达信息。

绘制图形可以使用"SmartArt"完成,SmartArt 图是 Word 设置的图形、文字以及其样式的集合,包括列表(36 个)、流程(44 个)、循环(16 个)、层次结构(13 个)、关系(37 个)、矩阵(4 个)、棱锥(4 个)和图片(31 个)共 8 个类型 185 个图样。单击"插入"选项卡的"插图"组的

"SmartArt"按钮,会弹出"选择 SmartArt 图形"对话框,如图 3 - 120 所示,表 3 - 3 列出了"选择 SmartArt 图形"对话框各图形类型和用途的说明。

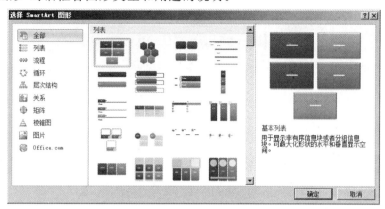

图 3 - 120　"选择 SmartArt 图形"对话框

表 3 - 3　图形类型及用途

图形类型	图形用途
列表	显示无序信息
流程	在流程或日程表中显示步骤
循环	显示连续的流程
层次结构	显示决策树,创建组织结构图
关系	图示连接
矩阵	显示各部分如何与整体关联
棱锥图	显示与顶部或底部最大部分的比例关系

1. 布局考虑

为 SmartArt 图形选择布局时,要考虑该图形需要传达什么信息以及是否希望信息以某种特定方式显示。通常,在形状个数和文字量仅限于表示要点时,SmartArt 图形最有效。如果文字量较大,则会分散 SmartArt 图形的视觉吸引力,使这种图形难以直观地传达用户的信息。但某些布局(如"列表"类型中的"梯形列表")适用于文字量较大的情况。如果需要传达多个观点,可以切换到另一个布局,该布局含有多个用于文字的形状,如"棱锥图"类型中的"基本棱锥图"布局。更改布局或类型会改变信息的含义。例如:带有右向箭头的布局(如"流程"类型中的"基本流程"),其含义不同于带有环形箭头的 SmartArt 图形布局(如"循环"类型中的"连续循环")。箭头倾向于表示某个方向上的移动或进展,使用连接线而不使用箭头的类似布局则表示连接而不一定是移动。

用户可以快速轻松地在各个布局间切换,因此可以尝试不同类型的不同布局,直至找到一个最适合对信息进行图解的布局为止。可以参照表 3-3 尝试不同的类型和布局。切换布局时,大部分文字和其他内容、颜色、样式、效果和文本格式会自动带入新布局中。

2. 创建 SmartArt 图形

本文将插入如图 3-121 所示的 SmartArt 图形,创建的操作步骤如下所述:

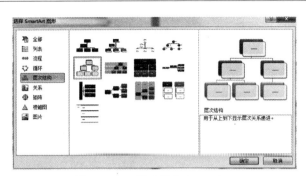

图 3 - 121　层次结构 SmartArt

①定位光标至需要插入图形的位置。

②单击"插入"选项卡"插图"组的"SmartArt"按钮,会弹出"选择 SmartArt 图形"对话框。

③在"选择 SmartArt 图形"对话框中打开"层次结构"选项卡,选择"层次结构"选项。

④单击"确定"按钮,即可完成将图形插入到文档中的操作,如图 3 - 121 所示。

以图 3 - 122 为例,在 SmartArt 图形中输入文字的操作步骤如下所述。

①单击 SmartArt 图形左侧的按钮,会弹出"在此处键入文字"的任务窗格。

②在"在此处键入文字"任务窗格输入文字,右边的 SmartArt 图形对应的形状部分则会出现相应的文字。

3. 修改 SmartArt 图形

(1)添加 SmartArt 形状

默认的结构不能满足需要时,可在指定的位置添加形状,添加 SmartArt 形状的操作步骤如下(下面以图 3 - 122 为例,介绍添加形状的具体操作步骤)。

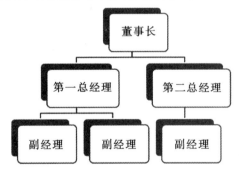

图 3 - 122　"在此处键入文字"后的效果

①插入 SmartArt 图形,并输入文字,选中需要插入形状位置相邻的形状,如本例选中内容为"厂长"的形状。

②单击"SmanArt 工具"→"设计"选项卡"创建图形"组左上的"添加形状"按钮,在弹出的下拉列表选择"在下方添加形状",并在新添加的形状里输入文字"厂长",如图 3 - 123 所示。

(2)更改布局

用户可以调整整个的 SmartArt 图形或其中一个分支的布局,以图 3 - 123 为例,进行更改布局的具体操作步骤如下。

选中 SmartArt 图形,单击"SmartArt 工具"→"设计"选项卡"布局"组上的"层次结构列表"按钮,即可将原来属于"层次结构"的布局更改为"层次结构列表",如图 3-124 所示。

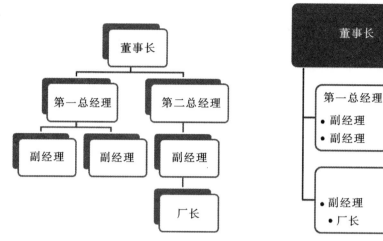

图 3-123　添加了形状后的 SmartArt　　图 3-124　更改布局后效果图

(3)更改单元格级别

以图 3-123 为例,更改单元格级别的具体操作如下所述。

选中图 3-124 所示 SmartArt 图形,选择"厂长"形状,单击"SmartArt 工具"→"设计"选项卡"创建图形"组的"升级"按钮,即可看到如图 3-125 所示的效果。

如果再次单击"升级"按钮,还可将"厂长"形状的级别调到第一级,与"第二总经理"形状同级。

(4)更改 SmartArt 样式

以图 3-125 为例,更改 SmartArt 样式的具体操作步骤如下所述。

①选中图 3-125 所示的 SmartArt 图形,单击"SmartArt 工具"→"设计"选项卡"Smart-Art 样式"组的"更改颜色"按钮,选择"彩色"列表的"彩色范围强调文字 4 至 5"选项。

②在"SmartArt 样式"单击选中"三维"列表的"砖块场景"选项,更改样式后的效果如图 3-126所示。

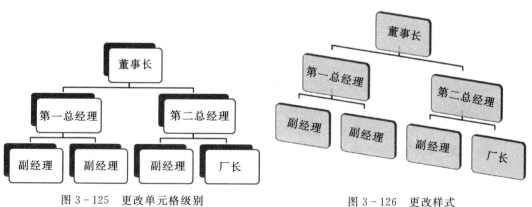

图 3-125　更改单元格级别　　　　　　图 3-126　更改样式

四、插入公式

在编辑科技性的文档时,通常需要输入数理公式,其中含有许多的数学符号和运算公式,Word 2010 包括编写和编辑公式的内置支持,可以满足日常大多数公式和数学符号的输入和编辑需求。

Word 2010 以前的版本使用 Microsoft Equation 3.0 加载项或 Math Type 加载项,在以前版本的 Word 中包含 Equation 3.0,在 Word 2010 中也可以使用此加载项,在以前版本的 Word 中不包含 Math Type,但可以购买此加载项。如果在以前版本的 Word 中编写了一个公式并希望使用 Word 2010 编辑此公式,则需要使用先前用来编写此公式的加载项。

1. 插入内置公式

Word 内置了一些公式,供读者选择插入,具体操作步骤如下所述。

将光标置于需要插入公式的位置,单击"插入"选项卡的"符号"组的"公式"旁边的下拉按钮,然后选择"内置"公式下拉列表罗列的所需的公式。例如:选择"二次公式",立即可在光标处插入相应的公式,如图 3 - 127 所示。

$$x = \frac{-b \pm \sqrt{b^2 - 4ac}}{2a}$$

图 3 - 127　内置公式示例

2. 插入新公式

如果系统的内置公式不能满足要求,用户可以插入自己编辑的公式来满足自己的个性化要求。

【例】按图 3 - 128 所示的样式,建立一个数学公式。

$$A = \lim_{x \to 0} \frac{\int_0^x \cos t \, dt}{x}$$

图 3 - 128　数学公式

①决定公式输入位置:光标定位,单击"插入"选项卡的"符号"组的"公式"旁边的下拉按钮,然后选择"内置"公式下拉列表的"插入新公式"命令,在光标处插入一个空白公式框,如图 3 - 129 所示。

在此处键入公式。

图 3 - 129　空白公式框

②选中空白公式框,Word 会自动展开"公式工具"→"设计"选项卡,如图 3 - 130 所示。

图 3 - 130　"公式工具"→"设计"选项卡

③先输入"A＝",然后单击"公式工具"→"设计"选项卡的"结构"组的"极限和对数"按钮,

在弹出的样式框中选择"极限"样式。

④利用方向键,将光标定位在 lim 下边,输入 $x \to 0$,再将光标定位在右方。

⑤"公式工具"→"设计"选项卡的"结构"组的"分数"按钮样式列表框的第一行第一列的样式,单击分母位置,输入 x,单击分子位置,选择"积分"按钮样式列表框的第一行第二列的样式。

⑥分别单击积分符号的下标与上标,输入 0 与 x,移动光标到右侧。

⑦选择"结构"组的"上下标"按钮样式列表框的第一行第一列的样式,置位光标在底数输入框并输入 cos,置位光标在上标位置,输入 t。

⑧在鼠标积分公式右侧单击,输入 dt,完成输入。最后效果图如图 3-128 所示。

3. 公式框"公式选项"按钮

公式框的"公式选项"按钮提供了公式框方便设置显示方式和对齐方式功能。

公式框的显示方式可以通过单击公式框右下角的"公式选项"按钮,会弹出一个下拉列表,在下拉列表中选择公式为"专业型"还是"线性"或是"更改为内嵌",如图 3-130 所示。

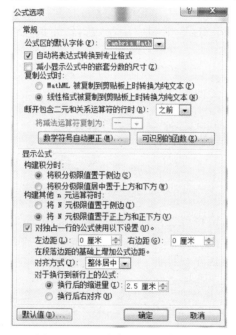

图 3-130　"公式选项"下拉列表

公式框的对齐同样可通过"公式选项"下拉列表,选择"两端对齐"的级联菜单的"左对齐"、"右对齐"、"居中"、"整体居中"四种对齐方式的一种即可。

4. 插入外部公式

在 Windows 7 操作系统中,增加了"数学输入面板"程序,利用该功能可手写公式并将其插入到 Word 文档中。插入外部公式的操作步骤如下所述。

①定位光标在要输入公式的位置。

②选择"开始"→"所有程序"→"附件数学"→"输入面板"命令,启动"数学输入面板"程序,利用鼠标手写公式。

③单击右下角的"输入"按钮,即可将编辑好的公式插入到 Word 文档中。

五、插入艺术字

艺术字具有特殊视觉效果,可以使文档的标题变得更加生动活泼。艺术字可以像普通文字一样设定字体、大小、字形,也可以像图形那样设置旋转、倾斜、阴影和三维等效果。

1. 插入艺术字

在文档中插入艺术字,可按如下步骤操作:

①单击"插入"选项卡的"文本"组的"艺术字"按钮,会弹出6行5列的"艺术字"列表。

②选择一种艺术字样式后,文档中出现一个艺术字图文框,将光标定位在艺术字图文框中,输入文本即可,如图3-131所示。

计算机文化基础（Windows 7）

图3-131 插入的艺术字

（2）插入繁体艺术字

①先在文档中输入简体字符,选中相应字符,选择"审阅"功能选项卡,单击"中文简繁转换"组的"简转繁"按钮。

②选中繁体艺术字符,切换到"插入"选项卡的"文本"组的"艺术字"按钮,在随后出现的下拉列表中,选择一种艺术字样式即可,如图3-132所示。

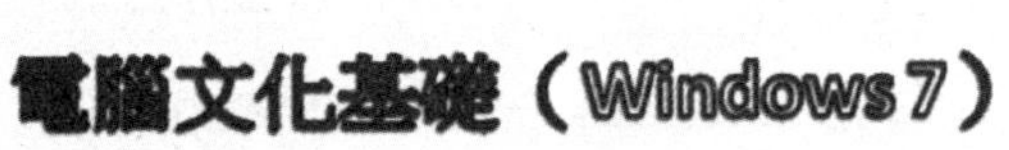

電腦文化基礎（Windows 7）

图3-132 繁体字艺术字

2. 设置艺术字格式

在文档中输入艺术字后,用户可以对插入的艺术字进一步设置,方法有两种:

①选中艺术字后,激活"绘制工具"→"格式"选项卡,按照前面所讲的设置文本框和形状及图片的操作,对艺术字进一步格式化处理,如图3-133所示。

图3-133 "绘制工具"→"格式"选项卡

②利用"开始"选项卡的"字体"组上的相关命令按钮,设置诸如字体、字号、颜色等格式。

六、插入超链接

超链接是将文档中的文字或图形与其他位置的相关信息链接起来。建立了超链接后,单击文稿的超链接,就可跳转并打开相关信息。它既可跳转至当前文档或Web页的某个位置,亦可跳转至其他Word文档或Web页,或者其他项目中创建的文件,甚至可用超链接跳转至声音和图像等多媒体文件。

1. 自动建立的超链接

在文档中输入网址或电子邮箱地址,Word 2010自动将其转换成超链接的形式。在连接网络的状态下,按住【Ctrl】键,单击其中的网络地址,可打开相应网页;单击电子邮箱地址,可打开 Outlook,收发邮件。

用户也可以将这种自动转换超链接的功能关闭。操作步骤如下所述:

①通过"Word 选项"对话框,单击"校对"选项卡的"自动更正选项"按钮。

②在"自动更正"对话框,选择"键入时自动套用格式"标签,取消选中"Internet 及网络路径替换为超链接"复选框。

③单击"确定"按钮。

2. 插入超链接

在文档中插入超链接,可按如下步骤操作:

①选择要作为超链接显示的文本或图形对象,或把光标设置在要插入超链接的字符后面。

②单击"插入"选项卡"链接"组的"超链接"按钮,或者右击后在弹出的快捷菜单选择"超链接"命令。

③在弹出如图 3-134 所示的"插入超链接"对话框中,选择超链接的相关对象。例如:选择"D 盘"的"课程设计报告"的文件为超链接,单击"确定"按钮。

图 3-134 "插入超链接"对话框

④已设置的超链接的显示:被选择的文稿段变为蓝色。

光标定位的超链接的文稿位置:在光标处显示超链接的目标,如本例是显示"课程设计报告.docx"。

⑤单击超链接目标,可以马上打开显示该超链接目标,如本例打开"课程设计报告.docx"。

3. 取消超链接

要取消超链接,可按如下步骤操作:

右击要更改的超链接,在弹出的快捷菜单中选择"取消超链接"命令。

七、插入书签

Word 提供的"书签"功能,主要用于标识所选文字、图形、表格或其他项目,以便以后引用或定位,下面就介绍一下书签的具体用法。

文稿的书签功能必须在计算机显示环境下才能实现。

1. 添加书签

要使用书签,就必须先在文档中添加书签,可按如下步骤操作:

①若要用书签标记某项(如文字、表格、图形等),则选择要标记的项,如选择一段文字。若要用书签标记某一位置,则单击要插入书签的位置。

②单击"插入"选项卡"链接"组的"书签"按钮。

③在弹出"书签"对话框的"书签名"文本框中,输入书签的名称,如图 3-135 所示。

④单击"添加"按钮。

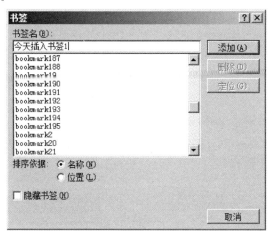

图 3-135 "书签"对话框

2. 显示书签

默认状态下,Word 的书签标记是隐藏起来的,如果要将文档中的书签标记显示出来,可打开"Word 选项"对话框,在"高级"选项卡中,选中"显示文档内容"下的"显示书签"选项,单击"确定"按钮即可。

设置上述选项后,默认状态下,添加的书签在文档中以书签标记,即以一对方括号形式显示出来。

3. 使用书签

在文档中添加了书签后,就可以使用书签了,有两种方法可跳转到所要使用书签的位置。

①查找定位法,单击"开始"选项卡"编辑"组的"查找"按钮,在弹出的下拉列表中,选择"转到"选项,打开"查找和替换"对话框中,并选择"定位"选项卡即可,如图 3-136 所示。

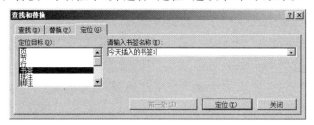

图 3-136 书签定位方法一

②对话框法,打开"书签"对话框,选中需要定位的书签名称,然后单击"定位"按钮,如图 3-137所示。

4. 删除书签

若不再需要一个书签,可以将它删除,可按如下步骤操作:

①击"插入"选项卡"链接"组的"书签"按钮。

②在弹出的"书签"对话框中,选择要删除的书签名,然后单击"删除"按钮。

图 3-137 书签定位方法二

任务五 Word 2010 表格编辑

【任务描述】

小张周年庆的宣传工作顺利完成,又接到新的任务,是组织安排周年庆的日程安排工作,工作需要制作很多表格,这些表格基本不包含计算,所以小张准备用 Word 来做。

【任务分析】

在编辑的文档中,使用表格是一种简明扼要的表达方式。它以行和列的形式组织信息,结构严谨,效果直观。往往一张简单的表格就可以代替大篇幅的文字叙述,所以在各种科技、经济等文章和书刊中越来越多地使用表格。

【任务实现】

插入表格

在文档中插入表格后,选项区会增加一个"表格工具"选项卡,下面有设计和布局两个选项,分别有不同的功能。

1. 表格工具概述

图 3-138 所示为"表格工具"→"设计"选项卡功能区,有"表格样式选项"、"表格样式"、"绘图边框"3 个组,"表格样式"提供了 141 个内置表格样式,提供了方便地绘制表格及设置表格边框和底纹的命令。

图 3-138 "表格工具"→"设计"选项卡

图 3-139 所示为"表格工具"→"布局"选项卡功能区,有"表"、"行和列"、"合并"、"单元格大小"、"对齐方式"、"数据"等 6 个组,主要提供了表格布局方面的功能,例如:在"表"组可以方便地查看与定位表对象,在"行和列"组则可以方便地在表的任意行(列)的位置增加或删除行

图 3-139 "表格工具"→"布局"选项卡

（列），"对齐方式"提供了文字在单元格内的对齐方式、文字方向等。

2. 建立表格和表格样式

使用"插入"选项卡的"表格"组的"表格"命令建立表格，建立表格的方法有 4 种。

①拖拉法：定位光标到需要添加表格处，单击"表格"组的"表格"按钮，在弹出的下拉菜单中，拖拉鼠标设置表格的行列数目，这时可在文档预览到表格，释放鼠标即可在光标处按选中的行列数增添一个空白表格，如图 3-140 所示。这种方法添加的最大表格为 10 列 8 行。

②对话框法：在图 3-140 中，选择"插入表格"命令，在弹出的"插入表格"对话框中按需要输入"列数"、"行数"的数值及相关参数，单击"确定"按钮即可插入一空白表格，如图 3-141 所示。

图 3-140　拖拉法生成表格　　　　图 3-141　"插入表格"对话框

③绘制法：通过手动绘制方法来插入空白表格。

在图 3-140 中，选择"绘制表格"命令，鼠标会转成铅笔状，可以在文档中任意绘制表格，而且这时候系统会自动展开如图 3-138 所示"表格工具"→"设计"选项卡功能区，可以利用其中的命令按钮设置表格边框线或擦除绘制错误的表格线等。

④组合符号法：将光标定位在需要插入表格处，输入一个"＋"号（代表列分隔线），然后输入若干个号"－"（号越多代表列越宽），再输入一个"＋"号和若干个"－"号……如图 3-142 所示。最后再输入一个"＋"号，然后按【Enter】键，如图 3-143 所示，一个一行多列的表格插入到了文档中。

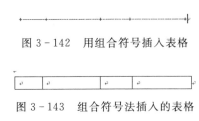

图 3-142　用组合符号插入表格

图 3-143　组合符号法插入的表格

3. 单元格的合并与拆分

对于一个表格，有时需要把同一行或同一列中两个或多个单元格合并起来，或者把一行或一列的一个或多个单元格拆分为更多的单元格。

合并单元格，可按如下步骤操作：

①选择要合并的多个单元格，如图 3-144 所示，选择"表格工具"→"布局"选项卡，单击"合并"组的"合并单元格"按钮即可。也可以同时选中多个单元格，右击，在弹出的快捷菜单选择"合并单元格"命令。

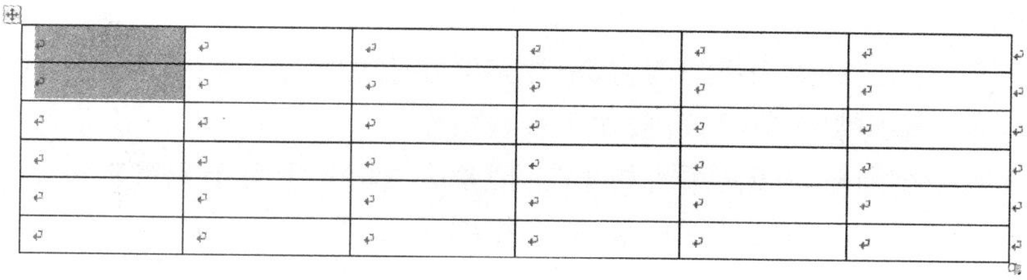

图 3-144　选择要合并的单元格

②选择"表格"→"合并单元格"命令,结果如图 3-145 所示。

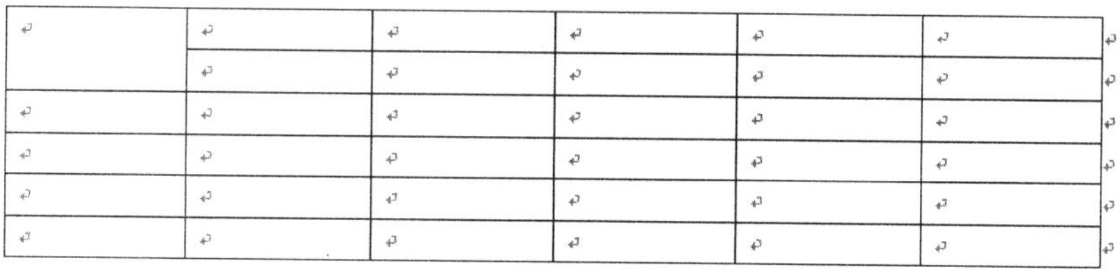

图 3-145　合并单元格结果

拆分单元格,可按如下步骤操作:

①选择要拆分的单元格,如图 3-146 所示。

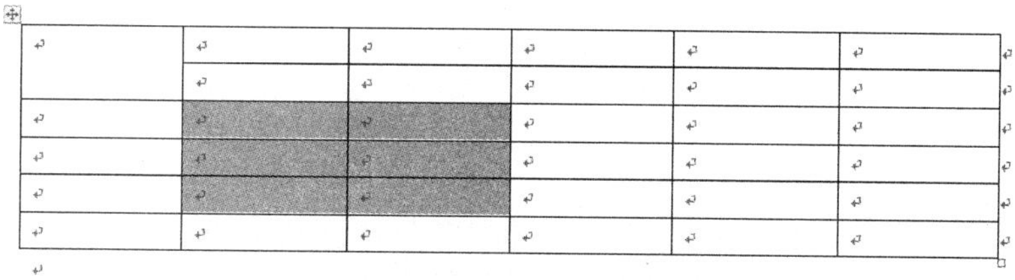

图 3-146　选择要拆分的单元格

②选择"表格工具"→"布局"选项卡,单击"合并"组的"拆分单元格"按钮,在弹出的"拆分单元格"对话框中,输入要拆分的列数和行数,如图 3-147 所示。

图 3-147　"拆分单元格"对话框

单元格拆分后的结果,如图 3-148 所示。

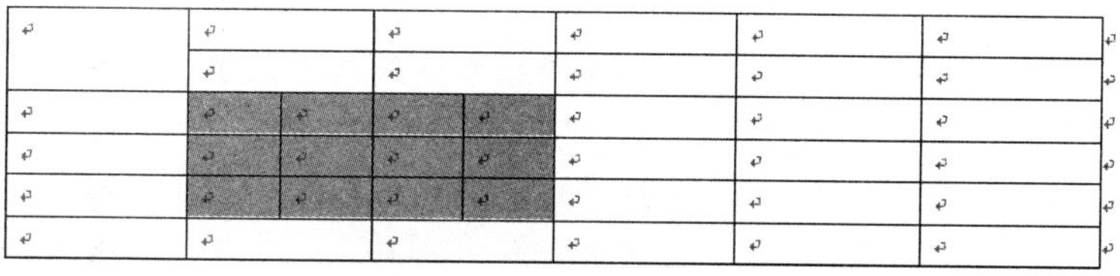

图 3-148　拆分单元格结果

4. 插入斜线

有时为了更清楚地指明表格的内容,常常需要在表头中用斜线将表格中的内容按类别分开。在表头的单元格内制作斜线,可按如下步骤操作:

①将光标置于要制作斜线的单元格中(一般是表格的左上角单元格)。

②单击"表格工具"→"设计"选项卡的"表格样式"组的"边框"按钮。

③在弹出的"边框"下拉列表中,只有两种斜线框线可供选择,这里选择"斜下框线"命令,如图 3 - 149 所示。

图 3 - 149 "边框"下拉列表

④此时可看到已给表格添加斜线,向表格输入"成绩"并连续按两次【Enter】键,取消最后一次前的空格符,并输入"科目",完成斜线表头的绘制,表头的效果如图 3 - 150 所示。

成绩 科目	第一学期		第二学期	
高等数学				
大学语文				
应用文写作				
计算机应用基础				

图 3 - 150 添加一条斜线表头的表格

实际上可在表格任何单元格插入斜线和写字符,如果表头斜线有多条,在 Word 2010 中的绘制就显得更复杂,必须经过绘制自选图形直线及添加文本框的过程,具体操作步骤如下所述。

①将光标置于要制作斜线的单元格中(一般是表格的左上角单元格)。

②单击"插入"选项卡的"插图"组的"形状"按钮。

③在弹出的"形状"下拉列表中,选择"直线"命令,这时鼠标变成了"十"状,在选中的表头单元格内根据需要绘制斜线,斜线有几条就重复几次操作,本例中添加两条斜线,最后调整直线的方向和长度以适应单元格大小。

④为绘制好斜线的表头添加文本框：单击“插入”选项卡的“插图”组的“形状”按钮，在弹出的“形状”下拉列表中，选择“文本框”命令，重复此操作，在斜线处添加 3 个文本框。

⑤在各个文本框中输入文字，并调整文字及文本框的大小，将文本框旋转一个适当的角度以达到最好的视觉政果。

⑥调整好外观后，将步骤③、步骤④、步骤⑤所绘制的所有斜线及文本框均选中，右击选择“组合”→“组合”命令即可。

5. 输入表格的标题、图片和表格格式化

建立表格的框架后，就可以在表格中输入文字或插入图片。

在表格中输入字符时，表格有自适应的功能，即输入的字符大于列宽，行宽也不能满足要求时，表格会自动增大行的高度。

需要在表格外输入表标题，表标题的输入如下所述：

用鼠标移向表格左上角的标志符，按住鼠标左键向下拖动一行，然后在表头的空白行中输入表标题，如图 3－151 所示。

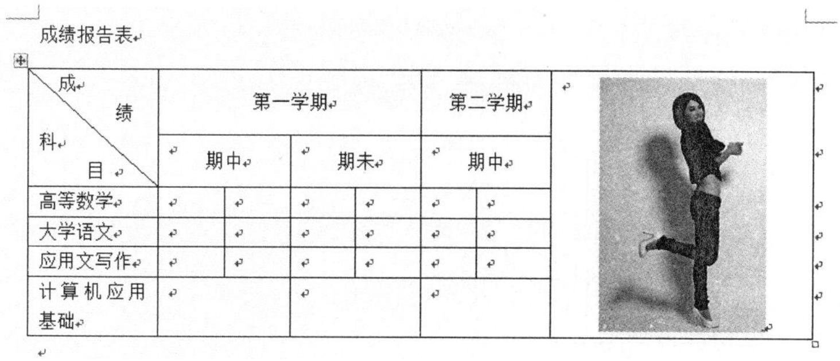

成绩报告表

成绩 / 科目	第一学期				第二学期		
	期中		期末		期中		
高等数学							
大学语文							
应用文写作							
计算机应用基础							

图 3－151　输入表格的内容

需要在表格中插入图片时，单击表格中需要插入图片的单元格，单击“插入”选项卡的“插图”组的“图片”按钮即可完成操作。图片的尺寸大小可能与单元格的大小不相符，可以单击图片，再拖动图片四周的控点，调整到合适的大小，如图 3－151 所示。

6. 调整表格列宽与行高

修改表格的其中一项工作是调整它的列宽和行高，下面就介绍几种调整列宽和行高的方法。

(1)用鼠标拖动

这是最便捷的调整方法，可按如下步骤操作：

①把光标移到要改变列宽的列边框线上，鼠标指针变成形状⇹，如图 3－152 所示，按住左键拖动。

②释放鼠标，即可改变列宽了。

如果要调整表格的行高，则鼠标移到行边框线上，鼠标的指针将变成形状，按住鼠标左键拖动即可。

(2)用“表格属性”对话框

用“表格属性”对话框，能够精确设置表格的行高或列宽，可按如下步骤操作：

①选择要改变“列宽”或“行高”的列或行。

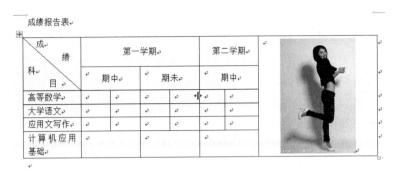

图 3-152　用鼠标改变列宽

②右击,在弹出的快捷菜单选择"表格属性"命令,在弹出的"表格属性"对话框中,选择"列"或"行"选项卡,然后在"指定宽度"或"指定高度"文本框中,输入宽度或高度的数值,如图3-153所示。

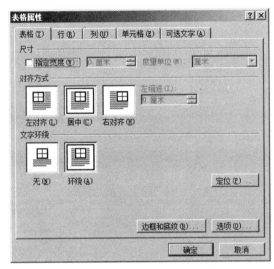

图 3-153　"表格属性"对话框

图 3-154　"自动调整"级联菜单

（3）用"自动调整"选项

如果想调整表格各列（行）的宽度,可按如下步骤操作：

①选择表格中要平均分布的列（行）。

②单击,在弹出的快捷菜单选择"平均分布各列（行）"命令即可,如图3-154所示。

在图3-154中,可看到里面有个"自动调整"选项,有"根据内容调整表格"、"根据窗口调整表格"、"固定列宽"等3个命令用于自动调整表格的大小。

7. 增加或删除表格的行与列

在表格的编辑中,行与列的增加或删除有两种方法可以实现。

（1）可以使用快捷菜单命令来实现

例如：删除表格的行，可按如下步骤操作：

①选择表格中要删除的行。

②右击，在弹出的快捷菜单选择"删除单元格"命令。

③在弹出的"删除单元格"对话框选择"删除整行"单选按钮，如图 3-155 所示。

如果删除的是表格的列，则选中要删除的列，右击，在快捷菜单选择"删除列"命令即可。

（2）利用"表格工具"→"布局"选项卡来完成

例如：删除表格的行，可按如下步骤操作：

①选择表格中要删除的行，激活"表格工具"→"布局"选项卡。

②单击"表格工具"→"布局"选项卡"行和列"组的"删除"按钮。

③在弹出的"删除"按钮下拉列表里，选择"删除行"命令即可，如图 3-156 所示。

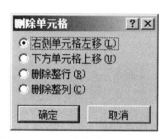

图 3-155 "删除单元格"对话框

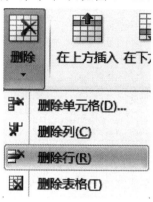

图 3-156 "删除"下拉列表

若要增加表格的行或列，可按如下步骤操作：

①选择表格中要增加行（列）位置相邻行（列），激活"表格工具"→"布局"选项卡。

②选择"表格工具"→"布局"选项卡的"行和列"组的"在上方插入"（在左方插入）按钮，则会在步骤①选中的行（列）的上方（左方）插入一行（列）；如果选中的是多行（列），那么插入的也是同样数目的多行（列）。

8. 表格与文本的转换

在 Word 中可以利用"表格工具"→"布局"选项卡的"数据"组的"转换为文本"按钮，如图 3-157所示，方便地进行表格和文本之间的转换，这对于使用相同的信息源实现不同的工作目标是非常有益的。

图 3-157 表格的转换功能

（1）将表格转换成文本

①将光标置于要转换成文本的表格中，或选择该表格（见图 3-158），会激活"表格工具"→"布局"选项卡。

②单击"表格工具"→"布局"选项卡"数据"组的"转换为文本"按钮。

③在弹出的"表格转换成文本"对话框中，如图 3-159 所示，选择一种文字分隔符，默认是"制表符"，即可将表格转换成文本，如图 3-160 所示。

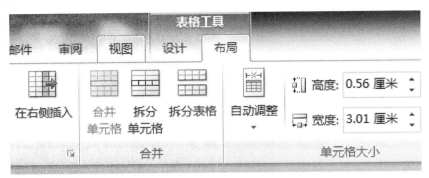

图 3-158　表格工具"布局选项卡"

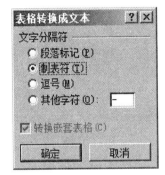

图 3-159　"表格转换为文本"对话框

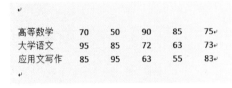

图 3-160　转换成文本

在"表格转换成文本"对话框中提供了 4 种文本分隔符选项,下面分别介绍其功能。

①段落标记:把每个单元格的内容转换成一个文本段落。

②制表符:把每个单元格的内容转换后用制表符分隔,每行单元格的内容形成一个文本段落。

③逗号:把每个单元格的内容转换后用逗号分隔,每行单元格的内容形成一个文本段落。

④其他字符:在对应的文本框中输入用作分隔符的半角字符,每个单元格的内容转换后用输入的字符分隔符隔开,每行单元格的内容形成一个文本段落。

(2)将文字转换成表格

也可以将用段落标记、逗号、制表符或其他特定字符分隔的文字转换成表格,可按如下步骤操作:

①选择要转换成表格的文字,这些文字应类似如图 3-160 所示的格式编排。

②单击"插入"选项卡的"表格"组的"表格"按钮。

③在弹出的"表格"按钮下拉列表中选择"文本转换为表格"命令。

④在弹出的"将文字转换成表格"对话框输入相关参数,如在"文字分隔位置"下选择当前文本所使用的分隔符,默认是"制表符",如图 3-161 所示,即可将文字转换成表格。

9. 插入图表

Word 可以插入类型多样的图表,利用"插入"选项卡"插图"组的"图表"按钮可以完成图表的插入,具体内容与操作步骤将在 Excel 详细讲述,这里不再赘述。

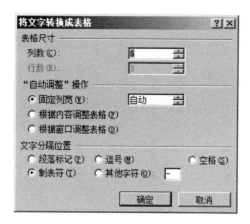

图 3-161 "将文字转换成表格"对话框

任务六 Word 2010 的长文档排版

【任务描述】

公司五周年庆活动圆满完成,小张又接到新的任务,是收集公司这五年来发展历程的相关资料,综合制作一个展示公司发展历程的册子,这里面需要用到大量的长文档排版的功能,对小张来说又是一个巨大的挑战。

【任务分析】

通过之前的学习,读者可基本掌握文稿的输入、编辑、格式化和各元素的插入方式。长文稿在完成以上工作后,为了便于读者的阅读,需要在文稿中加入页码、页眉和页脚、脚注和尾注,最重要的是必须编辑目录,以方便对本文稿进行阅读。本节介绍文稿的主题、添加页码、页眉和页脚、脚注和尾注、目录和索引的操作。

主题、页码、页眉和页脚、脚注和尾注、目录等操作在长文稿中属于文稿编辑过程中的最后修饰,应注意保护文稿的完整性。

【任务实现】

一、为文档应用主题效果

文档主题是一组格式选项,包括一组主题颜色、一组主题字体(包括标题字体和正文字体)和一组主题效果(包括线条和填充效果)。应用主题可以更改整个文档的总体设计,包括颜色、字体、效果。

文档主题设置是选择"页面布局"的"主题"组进行的,如图 3-162 所示。

Word 2010 提供了许多内置的文档主题,用户可以直接应用系统提供的内置主题,也可以通过自定义并保存文档主题来创建自己的文档主题。

1. 应用主题

【例】请按 Word 2010 系统内置主题效果的"行云流水"设置文档"江南的冬景.docx"的文档主题格式。

操作步骤如下:

①打开原始文件"江南的冬景.docx",单击"页面布局"的"主题"组的"主题"按钮。

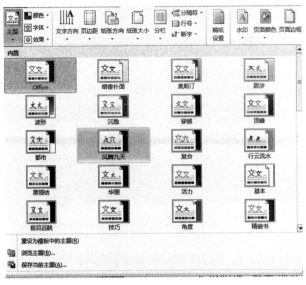

图 3-162 主题设置

②在弹出的"主题"下拉列表中,可以看到系统提供了 44 个内置主题,34 个来自 office.com 的模板,本例选择内置主题的"行云流水"。

此时可看到,"江南的冬景.docx"文档应用了所选主题的效果,如图 3-163 所示。

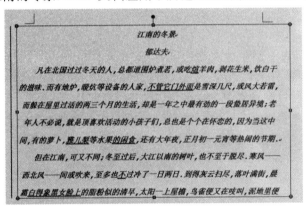

图 3-163 应用主题后的文档

2. 自定义主题

(1)自定义主题字体及颜色

【例】创建一个主题字体"淡雅",中文标题字体采用为"楷体",正文字体为"幼圆"。

操作步骤如下:

①打开"新建主题字体"对话框:单击"页面布局"的"主题"组的"字体"按钮,在弹出的下拉列表单击"新建主题字体"命令。

②在"新建主题字体"对话框设置新的字体组合,如本例中文标题字体采用为"楷体",正文字体为"幼圆"。

③为新建主题字体命名:在"新建主题字体"对话框下方的"名称"栏输入"淡雅"。

④单击"保存"按钮。

此时,可发现新建的主题字体"淡雅"出现在了"字体"按钮的下拉列表的"自定义"库中。同样,利用上例的方法可以创建自定义主题颜色。选择"页面布局"的"主题"组的"颜色"按钮,单击"新建主题颜色",在弹出的"新建主题颜色"框对主题颜色进行设置,然后为新建的主题颜色命名即可。

(2)选择一组主题效果

主题效果是线条和填充效果的组合,用户可以选择想要在自己的文档主题中使用的主题效果,只需要单击"页面布局"的"主题"组的"效果"按钮,即可在与"主题效果"名称一起显示的图形中看到用于每组主题效果的线条和填充效果。

(3)保存文档主题

可以将对文档主题的颜色、字体或线条及填充效果所做的更改保存为可应用于其他文档的自定义文档主题,具体操作步骤如下所述。

①单击"页面布局"的"主题"组的"主题"按钮。

②选择"保存当前主题"命令。

③在"文件名"文本框中,为该主题键入适当的名称,单击"保存"按钮。

二、页码

页码用来表示每页在文档中的顺序编号,在 Word 中添加的页码会随文档内容的增删而自动更新。

1.插入页码的方法

①单击"插入"选项卡的"页眉和页脚"组的"页码"按钮。

②在弹出的"页码"下拉列表中,设置页码在页面的位置和"页边距",如图 3-164 所示。如果要更改页码的格式,则选择"页码"按钮下拉列表的"设置页码格式"命令,然后在"页码格式"对话框中选择页码的格式,如图 3-165 所示。

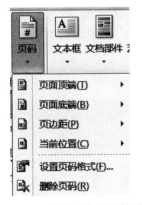

图 3-164　"页码"按钮下拉列表

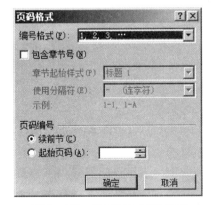

图 3-165　"页码格式"对话框

除了可以使用菜单命令将页码插入到页面中,也可以作为页眉或页脚的一部分,在页眉或页脚设置过程中添加页码。操作方法如下所述:

①进入页眉/页脚编辑状态,将光标定位在页眉的合适位置。

②单击"页眉和页脚工具"→"设计"选项卡的"页眉和页脚"组的"页码"下拉按钮,在弹出的下拉列表中,展开"当前位置"选项,选择一种合适的页码样式即可。

当然,利用该下拉列表相关命令,还可以进一步设置页码格式。

2. 删除页码

若要删除页码,只需要单击"插入"选项卡的"页眉和页脚"组的"页码"按钮,在弹出的下拉列表中选择"删除页码"命令即可。

如果页码是在页眉/页脚处添加的,双击页眉或页脚编辑区进入页眉/页脚编辑状态,选中页码所在的文本框,单击【Delete】键即可。

三、目录与索引

1. 建立目录

目录是长文稿必不可少的组成部分,由文章的章、节的标题和页码组成,如图3-166所示。为文档建立目录,建议最好利用标题样式,先给文档的各级目录指定恰当的标题样式。

图3-166　建立目录示例

①将文档中作为目录的内容设置为标题样式,将第一级标题"第3章"设置为"标题1"样式,第二级标题"3.1"、"3.2"等设置为"标题2"样式,第三级标题"3.1.1"、"3.1.2"、"3.2.1"等设置为"标题3"样式。

②将光标移动到要插入目录的位置,如文档的首页。

③单击"引用"选项卡的"目录"组的"目录"按钮。

④在弹出的"目录"按钮下拉列表中,选择"自动目录1"或"自动目录2"选项,如图3-167所示,即可在光标处插入目录。

2. 自定义目录

如果Word中的目录样式不能满足要求,用户可以自定义目录样式,自定义目录样式的操作步骤如下所述。

①将文档中作为目录的内容设置为标题样式,将第一级标题"第3章"设置为"标题1"样式,第二级标题"3.1"、"3.2"等设置为"标题2"样式,第三级标题"3.1.1"、"3.1.2"、"3.2.1"等设置为"标题3"样式。

②将光标移动到要插入目录的位置,如文档的首页。

③单击"引用"选项卡的"目录"组的"目录"按钮。

④在弹出的"目录"按钮下拉列表中选择"插入目录"选项,会弹出"目录"对话框,如图3-

168 所示。

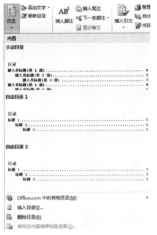

图 3-167 "目录"按钮下拉列表

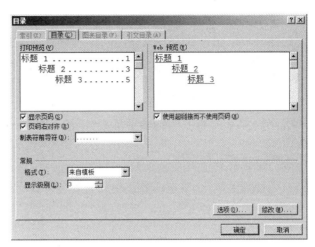

图 3-168 "目录"对话框

设置目录的格式,如"古典"、"优雅"、"流行"等,默认是"来自模板",还可以设置显示级别,如图 3-166 所示的三级目录结构,"显示级别"应该设置为 3。习惯上,还应该选中"显示页码"复选框、选择"制表符前导符"等选项。单击"选项"按钮和"修改"按钮,分别在弹出的"目录选项"对话框(见图 3-169)和"样式"对话框(见图 3-170)根据用户需要,修改目录的格式和样式。修改后单击确定即可。

图 3-169 "目录选项"对话框

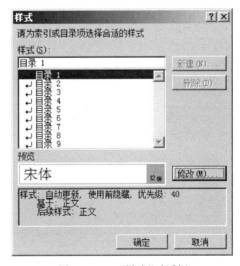

图 3-170 "样式"对话框

3. 索引

在文档中建立索引,就是将需要标示的字词列出来,并注明它们的页码,以方便查找,建立索引主要包含两个步骤:一是对需要创建索引的关键词进行标记,即告诉 Word 哪些关键词参与索引的创建;二是调出"标记索引项"对话框,输入要作为索引的内容并设置好索引的相关格式。

(1)标记索引项

标记索引项的操作步骤如下所述。

①选择要建立索引项的关键字。例如:以"春季"为索引项。

②单击"引用"选项卡的"索引"组的"标记索引项"按钮,弹出"标记索引项"对话框。

③此时可以在弹出的"标记索引项"对话框的"主索引项"文本框中看到上面选择的字词"春季",如图3-171所示,在该对话框可进行相关格式的设置(一般可以直接采用默认的格式)。

④单击"标记索引项"对话框的"标记"按钮,这时,文档中被选择的关键字旁边,添加了一个索引标记,"{XE"春季"}",如果单击"标记全部"命令,即可将文档中所有的"春季"字样标记为索引。

⑤如果还有其他需要建立索引项的关键字,可不关闭"标记索引项"对话框,继续在文档编辑窗口中选择关键字,直至所有关键字选择完毕。

文档中显示出的索引标记,不会被打印出来。

(2)关闭索引标记

如果觉得索引标记影响文档阅读效果,可以将索引标记关闭,操作步骤如下所述。

单击"开始"选项卡的"段落"组的"显示/隐藏编辑标记"按钮即可关闭索引标记;再次单击该命令按钮,可重新显示索引标记。

(3)建立索引目录

在文档中建立了索引项,就可以为所有的索引项建立索引目录,具体操作步骤如下所述:

①将光标移到要插入索引的位置,单击"引用"选项卡的"索引"组的"插入索引"按钮,打开"索引"对话框。

在"索引"选项卡中,可设置"格式"、"类型"或"栏数"等,然后单击"确定"按钮,如图3-171和图3-172所示。

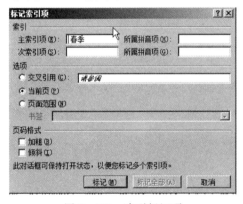

图3-171 索引标记项

图3-172 "索引"对话框

Word制作实例:

任务七　实践操作

1.对所给素材按照下列要求排版

(1)将标题"网络通信协议"设置为三号黑体、红色、加粗、居中。

(2)在素材中插入一个三行四列的表格,并键入各列表头及两组数据,设置表格中文字对齐方式为水平居中,文字设置为五号、红色、隶书。

(3)在表格的最后一列增加一列,设置不变,列标题为"平均成绩"。

【素材】

网络通信协议

　　所谓网络通信协议是指网络通信的双方进行数据通信所约定的通信规则,如何时开始通信、如何组织通信数据以使通信内容得以识别、如何结束通信等。这如同在国际会议上,必须使用一种与会者都能理解的语言(如英语、世界语等),才能进行彼此的交谈沟通。

姓名	英语	语文	数学
李二	62	50	56
张三	45	71	61

2.对所给素材按照要求排版

(1)将文字段落添加蓝色底纹,左右各缩进 1.8 厘米、首行缩进 2 个字符,段后间距设置为 16 磅。

(2)在素材中插入一个三行五列的表格,输入各列表头,并设置两组数据表格对齐方式为水平居中。

(3)用 Word 中提供的公式计算各考生的平均成绩并插入相应单元格内。

3.对以下素材按要求排版

(1)将标题改为粗黑体、三号、居中。

(2)将除标题以外的所有正文加方框边框。

(3)添加左对齐页码(格式为 a,b,c,…,位置在页脚)。

【素材】

罕见的暴风雨

　　我国有一句俗语"立春打雷",也就是说只有到了立春以后我们才能听到雷声。那如果我告诉你冬天也会打雷,你相信吗?

　　1990 年 12 月 21 日 12 时 40 分,沈阳地区飘起了小雪,到了傍晚,雪越下越大,铺天盖地。17 时 57 分,一道道耀眼的闪电过后,响起了隆隆的雷声。这雷声断断续续,一直到 18 时 15 分才终止。

模块四　Excel 2010 电子表格软件

Microsoft Excel 2010 是 Microsoft 公司推出的新一代 Office 办公软件之一，从 2010 年 6 月正式发布开始，表格处理软件 Excel 就已升级至 Excel 2010 版本。Excel 2010 主要应用于会计、预算、账单和销售、报表、计划、跟踪、使用日历等。

本模块主要使用 Microsoft Excel 2010，通过 Excel 基本操作、公式和函数的使用、Excel 图表、数据分析等实例，详细讲解电子表格的制作与设计技巧。

任务一　认识 Excel 2010

Microsoft Excel 2010 其主要功能是进行各种数据的计算、处理，用来执行计算、分析信息以及用各种统计图形表示电子表格中的数据，更能方便地与 Office 2010 的其他组件相互调用数据，实现资源共享。Excel 2010 广泛用于管理、统计、财经、金融等众多领域。

【任务描述】

小张作为公司新进财务人员，其主要工作是登记、计算、汇总、统计、分析等，需要利用常用的办公软件 Excel 2010 来编辑各种数据，由于小张对于办公软件应用不是很熟悉，所以准备首先对 Excel 2010 的基本界面及基本功能进行了解。

【任务分析】

本任务要求了解 Excel 2010 的窗口组件以及 Excel 2010 的基本操作。

【任务实现】

一、Excel 2010 的启动与退出

1. Excel 2010 的启动

Microsoft Excel 2010 正常安装后，常规情况下用户可以通过以下三种方式来启动：

①双击桌面上的快捷图标。

②选择"开始"→"程序"→"Microsoft Office"→"Microsoft Excel 2010"命令，如图 4 – 1 所示。

③选择"开始"→"运行"，在"运行"对话框输入 excel，确定后也可以打开 Excel 2010。

请尝试一下还有没有其他方法打开。

2. Excel 2010 的退出

成功打开了 Microsoft Excel 2010 之后，通常情况下可以用以下方式关闭编辑中的工作簿，或关闭 Microsoft Excel 2010 软件，如图 4 – 2 所示。

①单击工作界面右上方的"关闭"按钮可以直接关闭 Microsoft Excel 2010 软件。

②选择"文件"→"关闭"命令，可以关闭当前正在编辑中的工作表格。

③选择"文件"→"退出"命令，可以关闭 Microsoft Excel 2010 软件。

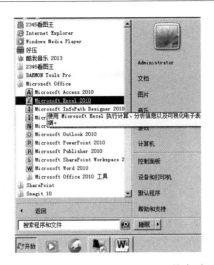

图 4 - 1　Microsoft Excel 2010 的启动

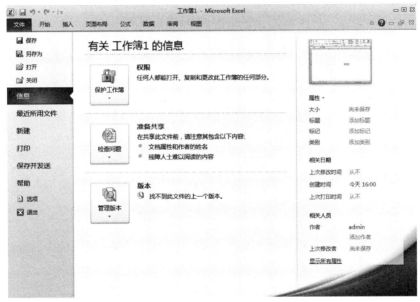

图 4 - 2　Microsoft Excel 2010 的退出

请尝试考虑其他关闭方法,参考 Windows 中程序或窗口的关闭。

二、Excel 2010 工作界面

成功启动 Microsoft Excel 2010 之后,会看到 Microsoft Excel 2010 的工作界面。Microsoft Excel 2010 工作界面分为"标题栏"、"功能区"、"编辑栏"、"工作簿编辑区"、"状态栏"五个部分,如图 4 - 3 所示。

1. 标题栏

Microsoft Excel 2010 的"标题栏"位于界面的最顶部,"标题栏"上包含软件图标、快速访问工具栏、当前工作簿的文件名称和软件名称。

（1）软件图标

单击"软件图标"会弹出一个用于控制 Microsoft Excel 2010 窗口的下拉菜单。在标题栏

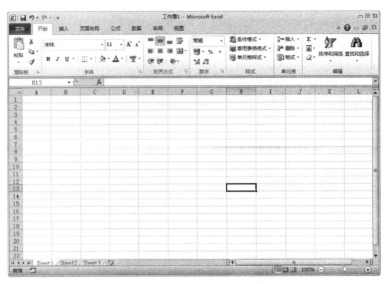

图 4 - 3　Microsoft Excel 2010 的界面

的其他位置右击同样会弹出这个菜单，它主要包括 Microsoft Excel 2010 窗口的"还原"、"移动"、"大小"、"最小化"、"最大化"和"关闭"等 6 个常用命令，如图 4 - 4 所示。

图 4 - 4　窗口的控制菜单

（2）快速访问工具栏

"快速访问工具栏"主要集中用户在 Microsoft Excel 2010 中的常用命令，方便用户快速编辑工作簿，包括"新建"、"打开"、"保存"、"电子邮件"、"快速打印"、"打印预览和打印"、"拼写检查"、"撤销"、"恢复"、"升序排序"、"降序排序"、"打开最近使用过的文件"、"其他命令"和"在功能区下方显示"，如图 4 - 5 所示。

①新建：单击该按钮可以新建一个空白 Excel 文档。

②打开：单击该按钮可以弹出"打开"对话框，如图 4 - 6 所示。在该对话框中可以选择要打开的文件夹或文件。

③保存：单击该按钮可以打开"另存为"对话框，如图 4 - 7 所示。在该对话框中可以选择当前工作簿保存的位置。

④电子邮件：单击该按钮可以将工作簿以电子邮件方式发送。

⑤快速打印：单击该按钮可以直接开始打印 Excel 文档。

⑥打印预览和打印：单击该按钮可以看到 Excel 文档的打印预览与设置。

⑦拼写检查：单击该按钮可以自动检查当前编辑工作簿的拼写与语法错误。

⑧撤销：单击该按钮可以撤消最近一步的操作。

图 4-5 Microsoft Excel 2010 快速访问工具栏

图 4-6 "打开"对话框

图 4-7 "另存为"对话框

⑨恢复:每单击一次该按钮,可以恢复最近一次的撤消操作。

(10)升序/降序排序:单击该按钮可以将所选内容排序,将最大值列于列的末/顶端。

(11)打开最近使用过的文件:单击该按钮可以打开最近一段时间使用过的文件。

2. 功能区

"功能区"位于标题栏下方，包含"文件"、"开始"、"插入"、"页面布局"、"公式"、"数据"、"审阅"、"视图"等 8 个主选项卡，如图 4 - 8 所示。

图 4 - 8　Microsoft Excel 2010 功能区

（1）"文件"选项卡

"文件"选项卡与早期 Microsoft Excel 版本的"文件"选项卡类似，主要包括"保存"、"另存为"、"打开"、"关闭"、"信息"、"最近所用文件"、"新建"、"打印"、"保存并发送"、"帮助"、"选项"、"退出"等常用命令，如图 4 - 9 所示。

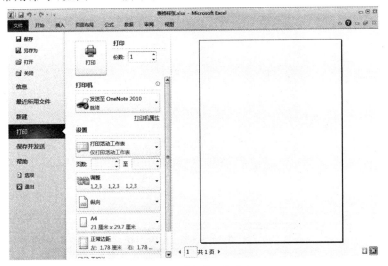

图 4 - 9　"文件"选项卡

（2）"开始"选项卡

"开始"选项卡主要包括"剪贴板"、"字体"、"对齐方式"、"数字"、"样式"、"单元格"、"编辑"等 7 个组，每个组中分别包含若干个相关命令，分别完成复制与粘贴、文字编辑、对齐方式、样式应用与设置、单元格设置、单元格与数据编辑等功能，如图 4 - 10 所示。

图 4 - 10　"开始"选项卡

（3）"插入"选项卡

"插入"选项卡主要包括："表格"、"插图"、"图表"、"迷你图"、"筛选器"、"链接"、"文本"、"符号"等 8 个组，完成数据透视表、插入各种图片对象、创建不同类型的图表、插入迷你图、创建各种对象链接、交互方式筛选数据、页眉和页脚、使用特殊文本、符号的功能，如图 4 - 11 所示。

图 4-11　"插入"选项卡

（4）"页面布局"选项卡

"页面布局"选项卡主要包括："主题"、"页面设置"、"调整为合适大小"、"工作表选项"、"排列"等 5 个组，主要完成 Excel 表格的总体设计、设置表格主题、页面效果、打印缩放、各种对象的排列效果等功能，如图 4-12 所示。

图 4-12　"页面布局"选项卡

（5）"公式"选项卡

"公式"选项卡主要包括"函数库"、"定义的名称"、"公式审核"、"计算"等 4 个组，主要用于数据处理，实现数据公式的使用、定义单元格、公式审核、工作表的计算，如图 4-13 所示。

图 4-13　"公式"选项卡

（6）"数据"选项卡

"数据"选项卡主要包括"获取外部数据"、"连接"、"排序和筛选"、"数据工具"、"分级显示"等 5 个组，主要完成从外部数据获取数据来源、显示所有数据的连接、对数据排序或筛查、数据处理工具、分级显示各种汇总数据、财务和科学分析数据工具的功能，如图 4-14 所示。

图 4-14　"数据"选项卡

（7）"审阅"选项卡

"审阅"选项卡主要包括"校对"、"中文简繁转换"、"语言"、"批注"、"更改"等 5 个组，用于提供对文章的拼写检查、批注、翻译、保护工作簿等功能，如图 4-15 示。

（8）"视图"选项卡

"视图"选项卡主要包括："工作簿视图"、"显示"、"显示比例"、"窗口"、"宏"等 5 个组，提供了各种 Excel 视图的浏览形式与设置，如图 4-16 所示。

（9）编辑栏

编辑栏位于功能区下方，主要包括显示或编辑单元格名称框、插入函数两个功能，如图 4-

图 4 - 15　"审阅"选项卡

图 4 - 16　"视图"选项卡

17 所示。

图 4 - 17　编辑栏

三、Excel 工作表的操作

1. 新建空白工作簿

启动 Excel 时就会自动创建一个新的工作簿,在默认状态下,这个工作簿文件名是按顺序来命名的,例如 Book♯,♯就是工作簿编号,默认从 1 开始,退出 Excel 再开启,Excel 文件又会从 1 开始编号。在 Excel 2010 版本中,新建文件是在"文件"功能区中选择"新建"命令,如图 4 - 18 所示。

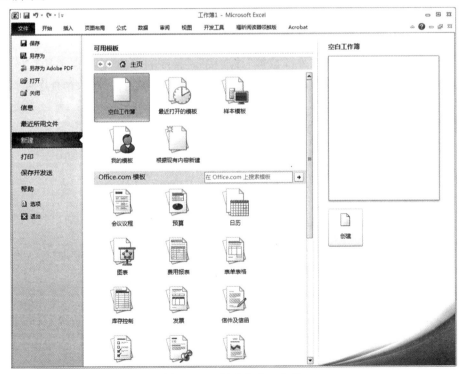

图 4 - 18　新建空白工作簿

2. 打开工作簿

要调用之前已经创建好的工作簿必须先打开它,可以同时打开多个,标题栏上的工作簿名称可以区别正在使用的工作簿。打开文件是在"文件"功能区中选择"打开"命令,在弹出"打开"对话框中选择好需要打开的文件位置,单击"打开"按钮,如图 4-19 所示。

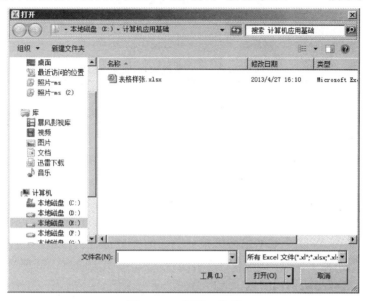

图 4-19 打开工作簿

3. 关闭与保存

在关闭工作簿之前要保证修改的内容已保存在工作簿中,以避免数据丢失,具体操作如下:

①关闭工作簿:在"文件"功能区中单击"关闭"按钮。

②保存工作簿:在同一功能区单击"保存"按钮。若是新建的工作簿,会弹出提示指定位置对话框,需要用户自定义保存路径。如果是打开已有的工作簿,就直接保存在原有路径中。

四、数据输入与编辑

Excel 中最常见的操作就是数据处理,Excel 2010 提供了强大且人性化的数据处理功能,让用户可以轻松地完成各种数据操作。单元格内输入数据大致可以分为两类:一种是可计算的数值型数据(包括日期,时间等),另一种是不可计算的文本数据。

1. 输入数据

(1)选定单元格

现在我们要练习在单元格中输入数据,不管是数值还是文本,其输入程序都是一样的。首先要选定待放入数据的单元格或单元格区域。可以选择直接在单元格输入内容或通过编辑栏输入。

例如选定 B2 单元格,直接输入内容"计算机 01 班"。若需要在单元格区域 B2:D8 输入相同内容,我们可以先选定该区域,然后在编辑栏输入"计算机 01 班",之后按【Ctrl+Shift】键。

(2)输入各种类型的数据

在 Excel 2010 中的文本数据是指字符或者任何数字和字符的组合。输入到单元格内的任何字符集,只要不被系统解释成数字、公式、日期或逻辑值,则 Excel 2010 一律将其视为文本。在单元格输入文本时,系统默认的对齐方式是左对齐,数字则默认右对齐。其他类型的数据的输入用例及说明见表 4-1。

表 4-1　单元格内常见数据输入

数据类型	输入用例	说明
文本	计算机	直接输入
纯数字	-12.35	直接输入,正数无需输入"+"
分数	02/3	输入分数时,前面加上"0 空格"
长数字	123456789123456	整数数值超过 11 位,会自动转换位科学计数法
文本格式的数字	身份证号	在其前面加"'"
时间	21:45:00	时分秒之间用":"隔开
日期	2018-2-1 或 2018/2/1	年月日之间用"/"或"-"隔开

(3)设置数据有效性

在 Excel 2010 中,可以设置单元格可接受数据的类型,以便有效地避免输入数据的错误。比如可以在选中单元格中设置"有效条件"为"介于 0-100 之间的整数"那么该单元格只能接受有效的输入,否则会提示错误信息。

设置方法为:单击"数据"选项卡→"数据工具"→"数据有效性"命令,打开如图 4-20 所示的对话框。

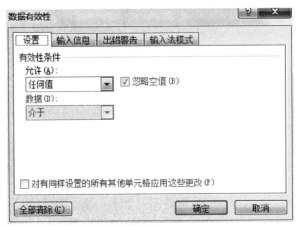

图 4-20　设置"数据有效性"对话框

如果在单元格输入数据时发生错误,或者要改变单元格数据时,则需要对数据进行编辑。用户可以选择选定单元格后,在编辑栏修改;或者双击单元格,直接在单元格内重新编辑。用户可以方便地删除单元格的内容,用全新的数据替换原数据,或者对数据进行一些细微的变动。

五、移动与复制单元格

移动单元格是将单元格的数据移动到其他单元格中,原数据不能保留在原位置。复制单元格是将单元格中的数据复制到其他单元格,原数据将保留在原单元格中。移动或复制单元格时候,单元格中的格式也将一起移动或复制。这两种操作可以通过鼠标拖动或剪贴板来完成。

1. 鼠标拖动法

移动单元格时,首先选中需要移动的单元格,然后将鼠标置于单元格的边缘上,当鼠标变成四向箭头的时候,拖动鼠标即可。

复制单元格的时候,首先选择要复制的单元格,然后将鼠标置于单元格的边缘上,当光标变成四向箭头时,按住 Ctrl 键拖动鼠标即可。

2. 剪贴板法

剪贴板法即执行"开始"→"剪贴板"选项中的各种命令。首先选中要移动或复制的单元格,分别单击"剪切"按钮或"复制"按钮来剪切或复制单元格,然后选中目标单元格,执行相应的"粘贴选项"内的命令。

另外,还可以进行选择性粘贴,执行"开始"→"剪贴板"→"粘贴"→"选择性粘贴"命令,在弹出的"选择性粘贴"对话框中选择要粘贴的选项即可,如图 4-21 所示

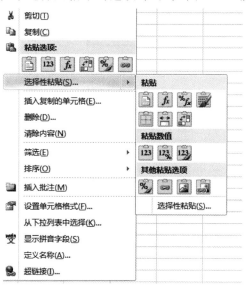

图 4-21 "选择性粘贴"对话框

六、自动填充

在 Excel 2010 中复制某个单元格的内容到一个或多个相邻的单元格中,使用复制粘贴功能可以实现这一点。但是对于较多的单元格,为了提高数据输入的效率和准确性,可以利用 Excel 提供的自动填充功能实现数据的快速录入。另外,使用填充功能不仅可以复制数据,还可以按需自动应用序列填充。

1. 填充柄填充

在同一行或一列中自动填充数据的方法很简单,只需选中包含填充数据的单元格,然后用鼠标拖动填充柄,经过需要填充数据的单元格后释放鼠标即可(见图 4-22)。若待填充的数据形成如图 4-23 所示的 A1 单元格内容,由文本连接数字的形式构成,则在拖动填充柄时,会自动产生一个序列(如图 4-23 垂直方向),若不希望产生此序列,则可以选定两个相同内容

的单元格区域,然后拖动填充柄(如图4-23水平方向)。

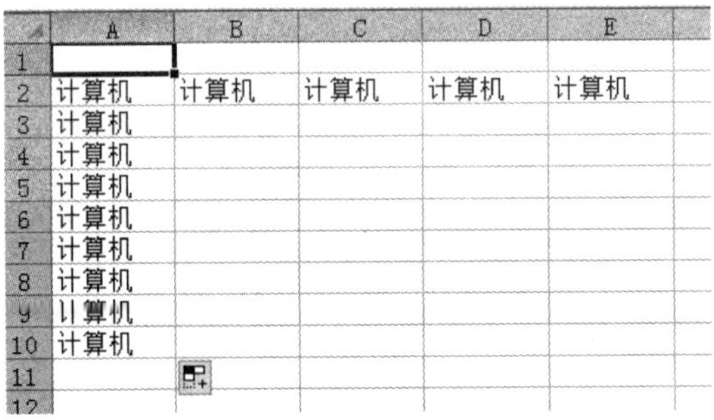

图4-22 "填充柄"填充整行整列数据

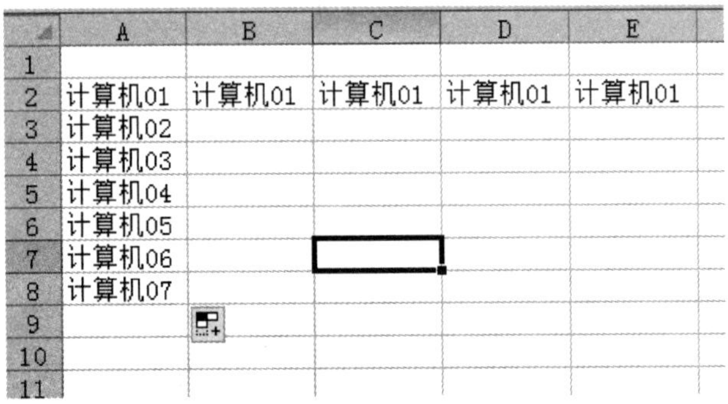

图4-23 "填充柄"填充序列

2. 序列填充

在 Excel 2010 中,可以自动填充一系列的数字、日期或其他数据。例如在第一个单元格输入了"一月",那么使用自动填充序列功能,可以将其后面的单元格自动填充为"二月"、"三月"、"四月"等,如图4-24所示。

图4-24 预定义序列填充

会产生这种自动填充序列效果的原因是 Excel 预定义了一些内置的序列。另外用户还可以通过以下操作自定义序列。"文件"→"选项"打开"Excel 选项"对话框(见图4-25),左侧单击"高级"然后单击其中的"编辑自定义列表"按钮,会弹出如图4-26所示的自定义序列对话框。

图 4-25　"Excel 选项"对话框

图 4-26　"自定义序列"对话框

3. 使用"填充"命令填充

在 Excel 2010 中，用户不仅可以利用填充柄实现自动填充，还可以利用"填充"命令来实现多方位填充。选择需要填充的单元格或单元格区域，执行"开始"→"编辑功能区"→"填充"命令，在弹出的快捷菜单（如图 4-27 所示）中选择相应的命令即可。

图 4-27　填充快捷菜单

163

我们也可以选择"序列"命令,打开"序列"对话框(如图 4-28 所示)。在"序列产生在"、"类型"、"日期单位"选项区域中选择需要的选项,然后在"预测趋势"、"步长值"和"终止值"等选项中进行设置,单击"确定"按钮即可。

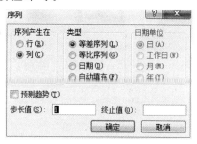

图 4-28 "序列"对话框

七、查找和替换

如果需要在工作表中查找一些特定字符串,挨个查找单元格就过于麻烦,特别是在一份较大的工作表或工作簿中。使用 Excel 提供的查找和替换功能可以很方便地完成这项工作(见图 4-29)。它的应用进一步提高了编辑和数据处理的效率。

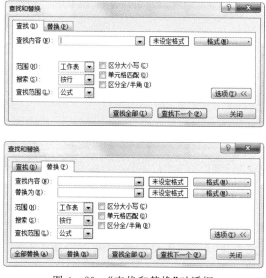

图 4-29 "查找和替换"对话框

八、导入和导出数据

在 Excel 2010 中,可以通过导入外部数据的功能来导入所需要的数据提供给 Excel 做数据处理与分析,这样就不必手动输入数据,既提高了效率,同时也避免了输入错误的数据带来不必要的麻烦。

Excel 2010 也可以将处理完的数据以其他的文件方式导出,以便于导入其他软件做进一步的处理,如文本、Access、SQL Server 数据库、XSD、XML 映射等数据处理软件所支持的数据文件格式。下面是以文本的方式来导入数据的步骤:

(1)启动 Excel 2010 应用程序。

(2)在"数据"选项卡上"获取外部数据"中单击"自文本"按钮。

(3)在弹出的"导入文本文件"对话框中,选择需要导入的数据源文件,单击"导入"按钮。

(4)在弹出的"文本导入向导"中完成数据的导入工作。

九、共享与保护工作簿

1. 共享工作簿

创建共享工作簿:对于工作组来说,经常会共享某份工作簿,以用来传递相互工作中的数据。此时,用户可以使用 Excel 2010 中的共享功能,来达到在同一工作簿中快速处理数据的目的。另外,还可以使用 Excel 的刷新工作簿数据的功能,来保证工作簿中传递数据的时刻更新。

执行"审阅"→"更改"功能区→"共享工作簿"命令,选中"允许多用户同时编辑,同时允许工作簿合并"复选框。然后在"高级"选项卡中设置修订与更新阐述即可,如图 4-30 所示。

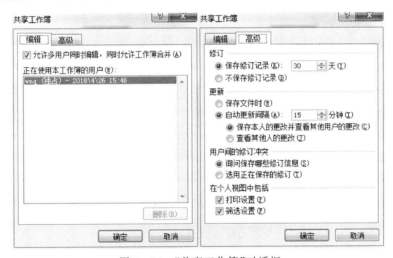

图 4-30 "共享工作簿"对话框

2. 查看与修订共享工作簿

在 Excel 中创建共享工作簿后,用户可以使用修订功能更改工作簿的数据,同样也可以看到其他用户对共享工作簿的修改,并根据情况接受或拒绝更改。

(1)开启或关闭修订功能

执行"审阅"→"更改"→"修订"→"突出显示修订"命令,并选中"编辑时跟踪修订信息,同时共享工作簿"复选框,如图 4-31 所示。其中,在"突出显示修订"对话框中,各项功能如下:

- 在屏幕上突出显示修订:选中该项,当鼠标停留在修改过的单元格上时,屏幕上将自动回显示修订信息。
- 在新工作表上显示修订:将自动生成一个包含修订信息的名为"历史记录"的工作表。

(2)浏览修订

当用户发现工作簿中存在修订时,便可执行"审阅"→"更改"→"修订"→"接受/拒绝修订"命令,并执行相应的选项即可接受或拒绝修订。

图 4-31 "突出显示修订"对话框

3. 设置保护工作簿与工作表

存放在工作簿中的一些数据十分重要,如果由于操作不慎而改变了其中某些数据,或者被其他人改动或复制,将造成不可挽回的损失。因此,应该对这些数据加以保护,这就要用到Excel的数据保护功能。

(1)保护结构与窗口

执行"审阅"→"更改"→"保护工作簿"命令,在弹出的"保护结构和窗口"对话框中,选择需要保护的内容,输入密码即可保护工作表的结构和窗口。如图 4-32 所示,在"保护结构和窗口"对话框中包含下列 3 种选项。

• 结构:选中可保持工作簿的现有格式,例如删除、移动、复制等操作均无效。

• 窗口:可保持工作簿的当前窗口形式。

• 密码:在此文本框中输入密码可防止未经授权用户取消对工作簿的保护。

图 4-32 "保护结构和窗口"对话框

另外,当用户保护了工作簿的结构和窗口后,再次执行"审阅"→"更改"→"保护工作簿"命令,弹出"撤销工作簿保护"对话框,输入保护密码,单击"确定"按钮即可撤销保护。提示:当工作簿处于共享状态下,"保护工作簿"与"保护工作表"命令将为不可用状态。

(2)保护工作簿文件

在 Excel 2010 中,除了可以保护工作表中的结构或窗口外,用户还可以运用其他保护功能,来保护工作表与工作簿文件。

保护工作表:通过执行"审阅"→"更改""保护工作表"命令,在弹出的"保护工作表"对话框中选中所需要保护的选项,并输入保护密码,如图 4-27 所示。

保护工作簿文件:通过为文件添加保护密码的方法,来保护工作簿文件。执行"文件"→"另存为"命令,在弹出的"另存为"对话框中单击"工具"下拉按钮,选择"常规选项"选项,并输入打开权限与修改权限密码,如图 4-33 所示。

设置保护工作簿和保护工作表可限制对工作簿和工作表进行访问。Excel 2010 提供了多

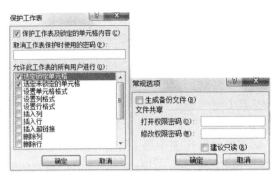

图 4-33 "保护工作表"和"常规选项"对话框

种方式,用来对用户如何查看或改变工作簿和工作表中的数据进行限制。利用这些限制,可以防止他人更改工作表中的部分或全部内容,查看隐藏的数据行或列,查阅公式等。利用这些限制,还可以防止其他人添加或删除工作簿中的工作表,或者查看其中的隐藏工作表。

4. 设置允许用户编辑区域

工作表被保护后,其中的所有单元格都将无法编辑。对于大多数工作表来说,往往需要用户编辑工作表的一些区域,此时就需要在被保护工作表中设置允许用户编辑的区域。设置方法为"审阅"→"更改"→"允许用户编辑区域"对话框,如图 4-34 所示。

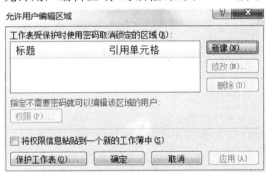

图 4-34 "允许用户编辑区域"对话框

任务二　Excel 2010 公式和函数计算

分析和处理 Microsoft Excel 2010 工作表中数据离不开公式和函数。公式是函数的基础,它是单元格中一系列值、单元格引用、名称或运算符的组合,利用其可生成新的值。函数是 Excel 预定义的内置公式,可以进行数学、文本、逻辑的运算或者查找工作表的操作。本部分主要介绍在 Excel 2010 中使用公式和函数进行计算的方法。

【任务描述】

小张在熟悉了 Excel 2010 的基本界面及基本功能后投入了工作中,在前期录入了大量的数据,后来根据需要对相关数据进行计算,来生成各种报表,看着这一堆堆的数据,小张无力的呻吟起来。

【任务分析】

本任务要求了解 Excel 2010 公式和函数的计算功能。

【任务实现】

一、公式

公式是一个包含了数据与运算符的数学方程式,它包含了各种运算符、常量、函数以及单元格的引用等元素。在工作表中输入数据后,可以通过 Excel 2010 的公式对这些数据进行自动、精确、高速的运算处理。

公式是指使用运算符和函数对工作表中的数值进行计算的等式。公式遵循一个特定的语法或次序:最前面必须是等号"=",后面是参与计算的数据对象和运算符。每个数据对象可以是常量数值、单元格或引用的单元格区域、标志、名称等。运算符用来连接要运算的数据对象,并说明进行了哪种公式运算。

1.运算符

运算符是指表示运算关系的符号,是公式的基本元素。通过运算符,可以将公式中的元素按照一定的规律进行特定类型的运算。Excel 2010 中主要包含 4 种类型的运算符:算术运算符、关系运算符、文本运算符、引用运算符。各含义及用法如下表 4-2 所示。

表 4-2 运算符

运算符	内容
算术运算符	+ - * / ^ %
关系运算符	= < > <= >= <>
文本运算符	&
引用运算符	: , 空格

2.运算符优先级

优先级是公式的运算顺序,如果公式中同时用到多个运算符,Excel 将按照一定的顺序进行计算。对于不同优先级的运算,将会按照从高到低的顺序进行计算;对于相同优先级的运算,将按照从左到右的顺序进行计算。各种运算符的优先级由高到低依次为:引用运算符→算术运算符→文本运算符→关系运算符。

3.编辑公式

用户可以根据工作表的数据创建公式,即在单元格或编辑栏中输入公式。计算出一个结果后,其他单元格类似的计算可以采用填充柄填充的方法复制公式到其他单元格中,从而实现快速计算效果。

4.单元格的引用

公式的引用就是对工作表的一个或一组单元格进行标识,从而告诉告诉使用哪些单元格的值,通过引用,可以在一个公式中使用工作表不同部分的数据,或者在几个公式中使用同一单元格的数值。Excel 2010 单元格的引用包含相对引用,绝对引用和混合引用三种。如表 4-3所示。

表 4-3 单元格的引用

相对引用	混合引用		绝对引用
D5	$D5	D$5	$D$5

可以形象地理解为 $ 就是一把锁,在列的前面有 $ 填充的时候就锁列,在行的前面有 $ 填充的时候就锁行。在编辑栏选择要变换引用方式的单元格,按键盘上的 F4 键就可以在这三种引用之间相互切换,当然也可以根据需要手工输入 $。

二、函数

函数是系统预定义的特殊公式,它将具有特定功能的一组公式组合在一起以形成函数。与直接使用公式进行计算比较,使用函数进行计算的速度更快,同时减少了错误的发生。

在单元格内使用函数的基本语法格式为:

＝函数名(参数列表)

在 Excel 2010 中,用户可以通过直接输入、"插入函数"对话框或"函数库"选项组等几种方法输入函数,如图 4－35 所示。

图 4－35 使用函数方法

Excel 2010 中包含几百个具体函数,为了方便用户查找与使用,按功能大致将它们分类为财务、逻辑、文本、日期和时间、查找与引用、数学和三角灯。如果想了解某种函数的具体功能和使用方法,可以在"插入函数"对话框中获取,如图 4－36 所示。

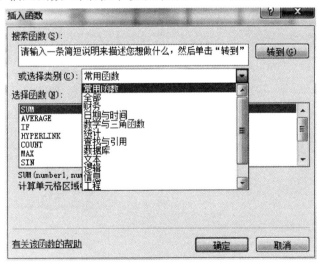

图 4－36 函数的查找与使用

表 4－4 为比较常用的函数:

表 4-4 常用的函数

函数	功能
SUM	求和——计算单元格区域中所有数值的和
AVERAGE	求平均值——返回其参数的自述平均值;参数可以是数值或包含数值的名称、数组或引用
MAX	求最大值——返回一组数中的最大值,忽略逻辑值及文本
COUNT	计数——计数区域中包含数字的单元格的个数
SUMIF	单条件求和——对满足条件的单元格求和
INT	向下取整函数——将数值向下取整为最接近的整数
ROUND	四舍五入函数——按指定的位数对数值进行四舍五入
VLOOKUP	查找与引用函数——搜索区域首列满足条件的元素,确定待检索单元格在区域中的行序号进一步返回选定单元格的值。默认情况下,表示以升序排序的
IF	条件函数——判断是否满足某个条件,如果满足返回一个值,如果不满足则返回另外一个值
RANK	名次排位函数——返回某数字在一列数字中相对于其他数值的大小排名

1. 工作表公式应用

案例一:平均数 Average 函数应用

要求:求何张玉的平均成绩,如图 4-37 所示。

图 4-37 学生成绩表格

操作方法如下:

方法一,手动计算好结果填入 F3 单元格中。

方法二,在 F3 单元格中输入=AVERAGE(B3:E3)。

这两种方法的结果是一样的。但是,如果采用方法一这位同学的某一科成绩有误,更正单科成绩后,那么她的平均成绩还是原来的,不会改变,这样就不能够保证数据的正确性。

如果用的是函数 AVERAGE,即使是某一科成绩发生变化,它的平均成绩会立即发生变化,因为它的平均成绩计算结果是引用它的各科成绩的,因此,工作表公式在数据量大的时候更具有优越性。

案例二:求和函数应用

要求:求成绩总和,如图 4 - 38 所示。

图 4 - 38 SUM 函数实例

SUM 函数的语法格式与上面所讲的函数用法是一样的,即"=函数名称(数据引用范围)",在这里讲一下相对引用和绝对引用,引用就是地址引用,也称单元格引用。这里求总分,这个函数式应该写"=SUM(B3:E3)",结果会自动计算出来。自动填充功能对其下面的所有总分列单元格进行求和计算。方法是,将鼠标指向 F3 单元格的右下角,光标会变为黑色十字自动填充柄,单击拖拽至要填充到的单元格,就会做自动的函数式填充计算。

这里的"B3:E3"单元格区域的地址是用的相对地址,所以会随着行号列标而递增或者递减,单元格 F4 中自动填写的函数式是=SUM(B4:E4),F5 中是=SUM(B5:E5),依此类推。

绝对地址的表示方法是在行号列标前加上 & 符号,如果这里用绝对地址,那么它的表示应该为=SUM($B$3:$E$3),那么用自动填充功能时,它的地址就不会发生改变。此时,紧接着 F3 下面的所有单元格所自动填充的函数式都跟 F3 里面的一样,都是"=SUM($B$3:$E$3)",自然计算结果也都一样,也就是锁定了这个函数式的数据引用位置。如果是只锁定行或者列,则称这种引用为混合引用。这些引用的地址可以用一个名称来给它们命名。通过下面的例子,我们看一下名称框的使用,如图 4 - 39 所示。

案例三:IF 函数的应用

IF 逻辑判断函数,它会根据条件来判断真假从而输入相应的内容,如图 4 - 40 所示。

我们要在评定列中自动输入对应考生的成绩等级,总分高于 340 分的视为优秀,否则视为一般。在 G3 中输入=IF(F3>=340,"优秀","一般"),然后自动填充到下边的单元格中,如图 4 - 41 所示。

图 4-39　输入单元格名称

图 4-40　学生成绩表

　　这个函数式中,F>=340是判断条件,如果满足,填入第一对引号内的内容,如果不满足填入第二对引号内的内容。如果一对引号中没有任何字符,那么就是不填任何内容。公式其实就是各个函数、运算符之间的相互交错使用,即加减乘除(+,-,×,/)这样四个运算符与单元格地址或者常数、函数式相互交错使用,它也是以等号开头。最终完成学生成绩表中的各项计算后,选择"文件"→"保存"命令,单击"保存"按钮完成所有操作。

图 4 - 41　IF 函数实例

任务三　Excel 2010 数据管理

Excel 2010 与其他的数据管理软件一样,拥有强大的排序、筛选和分类汇总等数据管理方面的功能,具有广泛的应用价值。全面了解数据管理的方法有助于提高工作效率和数据管理水平。

【任务描述】

小张总算计算出了相关报表要求的各种数据,但是在做月报、季报、半年报和年报的时候,在对公司业务做预决策分析的时候又犯难了,因为这又要用到 Excel 强大的数据管理功能,包含了排序、筛选、分类汇总等。

【任务分析】

本任务要求了解 Excel 2010 的数据管理功能。

【任务实现】

在做数据管理前,要把工作表先处理一下:去除标题、制表日期等不相关的内容,把表格数据处理成数据列表形式,才能实现数据管理的功能。

一、排序

数据排序是指按照一定规则对数据进行整理、排列,这样可以为数据的进一步处理做好准备。在 Excel 2010 中用户可以使用默认的排序命令对文本、数字、时间、日期等数据进行排序,例如升序、降序方式。另外,用户也可以根据需要对数据进行自定义排序。

1. 简单排序

运用"数据"→"排序和筛选"选项组中的"升序"与"降序"命令,对数据进行排序,如图 4 - 42 所示。

具体操作为,首先选取某列待排序数据单元格或定位该列中的任一单元格,然后点击"升

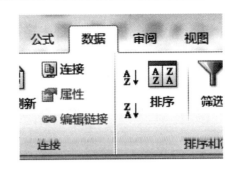

图 4 - 42　简单排序

序排序"或"降序排序"按钮。

2. 自定义排序

用户可以根据工作需求,在如图 4 - 43 所示的排序对话框中自定义排序。

图 4 - 43　自定义排序

二、筛选

筛选是从无序且庞大的数据清单中找到符合指定条件的数据,并且暂时隐藏无用的数据,从而帮助用户快速、准确地查找与显示有用的数据。在 Excel 2010 中,用户可以使用自动筛选或高级筛选来处理数据表中复杂的数据。

1. 自动筛选

自动筛选是一种简单快速的条件筛选,使用自动筛选可以按列表值、按格式或按条件进行筛选。执行"排序和筛选"→"筛选"命令,使用自动筛选功能筛选记录时,字段名称将变成一个下拉列表框的框名。用户可以单击该按钮,在下拉列表中选择"筛选"条件,如图 4 - 44 所示。

使用 Excel 2010 中自带的筛选条件,可以快速完成对数据清单的筛选操作。但是当自带的筛选条件无法满足需要时,也可以根据需要自定义筛选条件。如图 4 - 45 所示。

2. 高级筛选

在实际应用中,用户可以使用高级筛选功能按照指定的条件来筛选数据。使用高级筛选功能,必须建立一个条件区域,用来指定筛选的数据所需满足的条件。

- 条件区域是可以建立在与待筛选条件的数据区域不相邻的任意位置。
- 条件区域的第一行是所有作为筛选条件的字段名,这些字段名与数据清单中的字段名必须完全一致。

图 4 - 44 自动"筛选"功能

图 4 - 45 "自定义自动筛选方式"对话框

· 条件区域中,在同一行中输入多个筛选条件之间是并且的关系,则筛选的结果必须是同时满足多个条件;在不同行中输入的多个筛选条件之间是或者关系,则筛选结果只需满足其中任何一个条件。

例如要筛选出学生成绩表里面总分高于 350 分的男生记录,则条件区域的建立如图 4 - 46 所示。

根据待筛选的条件建立好后,然后执行高级筛选命令,弹出如图 4 - 47 所示的对话框,设置好各项筛选参数。其中列表区域为待筛选的数据区域,默认为当前工作表中的数据清单区域,或者用户也可以自行选择;条件区域处用鼠标选择建立的条件区域单元格。最后执行确定,即可把筛选结果显示在原有数据区域,或者也可以选择将筛选结果复制到其他位置。

	A	B	C	D	E	F	G	H	I
1			学生成绩表						
2	学号	姓名	班级	性别	语文	思政	英语	体育	总分
3	2017001	李非	网络1701	男	74	92	92	87	345
4	2017002	李叁	信管1701	男	88	80	76	93	337
5	2017003	黄晓莉	网络1701	女	82	79	54	78	293
6	2017004	林建	网络1701	男	86	78	48	90	302
7	2017005	陈立晓	信管1701	男	57	82	78	69	286
8	2017006	张武	物联网1701	女	92	88	89	68	337
9	2017007	李东	艺术1701	男	78	43	56	64	241
10	2017008	工霖	物联网1701	女	87	83	78	87	257
11	2017009	郭悦	艺术1701	女	93	79	87	54	313
12	2017010	王莉霖	物联网1701	女	87	87	85	87	346
13									
14									
15		总分	性别						
16		>=350	男						
17									

图 4-46 高级筛选条件区域设置

图 4-47 高级筛选

三、分类汇总

通过使用"分类汇总"命令可以自动计算列的列表中的分类汇总和总计。

如果正在处理 Microsoft Excel 表格，则"分类汇总"命令将会灰显。若要在表格中添加分类汇总，首先必须将该表格转换为常规数据区域，然后再添加分类汇总。注意，这将从数据删除表格格式以外的所有表格功能。

插入分类汇总时，分类汇总是通过使用 SUBTOTAL 函数与汇总函数来完成。

汇总函数是一种计算类型，用于在数据透视表或合并计算表中合并源数据，或在列表或数据库中插入自动分类汇总。汇总函数的例子包括 SUM、COUNT 和 AVERAGE（如"求和"或"平均值"），可以为每列显示多个汇总函数类型。

总计是从明细数据（明细数据：在自动分类汇总和工作表分级显示中，由汇总数据汇总的分类汇总行或列，通常与汇总数据相邻，并位于其上方或左侧）派生的，而不是从分类汇总中的值派生的。例如：如果使用了"平均值"汇总函数，则总计行将显示列表中所有明细数据行的平均值，而不是分类汇总行中汇总值的平均值，如图 4-48 所示。

如果将工作簿设置为自动计算公式，则在编辑明细数据时，"分类汇总"命令将自动重新计算分类汇总和总计值。"分类汇总"命令还会分级显示（分级显示：工作表数据，其中明细数据

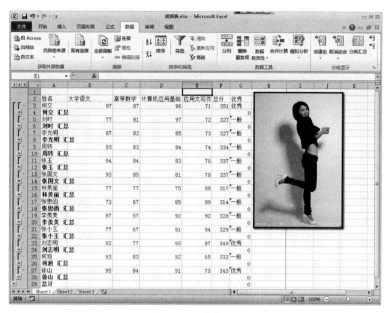

图 4-48 分类汇总

行或列进行了分组,以便能够创建汇总报表,可汇总整个工作表或其中的一部分)列表,以便可以显示和隐藏每个分类汇总的明细行。

任务四 Excel 2010 数据图表

使用 Excel 2010 对工作表中数据进行计算、统计等操作后,得到的计算结果还不能更好的显示出数据之间的关系和变化趋势。为此,Excel 提供了各种类型的图或表来分析展现表格中的数据,相比单纯的数据而言,图表更加生动形象,也能更具有层次性和条理性的显示表格中的数据。

【任务描述】

小张好不容易把报表制作完成,拿去公司高层以供预决策分析的时候,又发现了新问题,很多公司高层不是财务出身,看不太懂报告里面的那一堆堆数据,要求小张把死板的数据变通一下,要能清楚的看到各项数据的变化及规律,小张就想到了数据图表。

【任务分析】

本任务要求了解 Excel 2010 的数据图表功能。

【任务实现】

图表是对工作表中数据的图形表示。图表更能描述数据,更清晰地反映数据趋势。

对工作簿中某一工作表创建一张图表,图表创建可以嵌入到当前工作表中,也可以创建到一张新的工作表中。在 Excel 2010 中,可以更快、更容易地创建图表,具体操作如下:

在"插入"功能区中的"图表"功能组,选择图表类型为"条形图",结果如图 4-49 所示。

创建图表之后,在功能区中会出现图表工具功能区,单击"设计"、"布局"、"格式"功能组可以进行图表的相关调整。如图 4-50 所示。

使用 Microsoft Excel 2010 软件为已有的电子表格制作图表,使用创建图表、设置图表、分

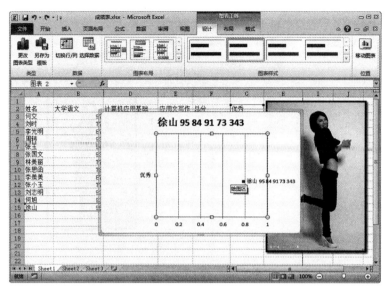

图 4 - 49 "条形图"图表

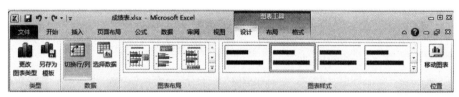

图 4 - 50 "图表工具"功能组

类汇总、组与分级功能完成。

一、创建图表

打开一个学生成绩单电子表格,如图 4 - 51 所示。

图 4 - 51 学生成绩表

选中姓名以及各科目。在"插入"功能区中的"图表"模块选择图表类型,这里选择"条形图",如图 4-52 所示。

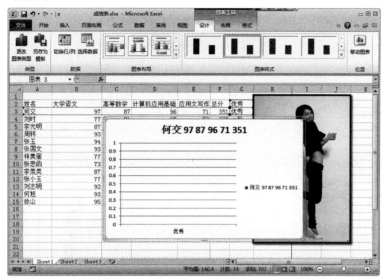

图 4-52　生成"条形图"图表

与之前的版本比较,Excel 2010 有一个比较重要的图形工具——数据迷你图,它能够在单元格中反映数据的变化,如图 4-53 所示。

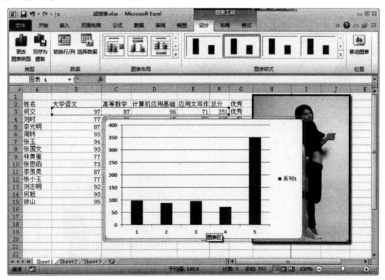

图 4-53　学生成绩表

选中这位同学的各科成绩,在"插入"功能区中的"迷你图"功能组中选择图形类别,为了更好地体现各科成绩的差距,这里选择"柱形图"。

在弹出的"创建迷你图"对话框中,数据范围已经选好,即各科成绩,位置范围填入 F3 单元格中,单击"确定"按钮,如图 4-54 所示。

最终显示的迷你图效果如图 4-55 所示。

图 4-54 创建迷你图

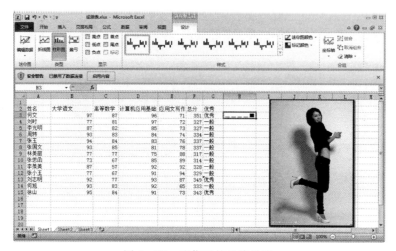

图 4-55 迷你图的最终效果

迷你图可以利用自动填充功能进行批量生成,这样能看出各同学各科成绩之间的差距,如图 4-56 所示。

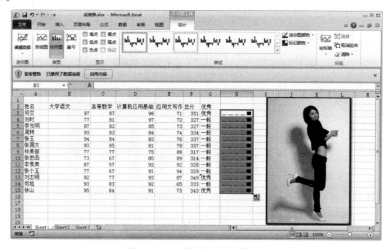

图 4-56 批量显示迷你图

二、修改图表

在此需要对已经创建好的图表的类型、格式等做出相应的修改,具体操作步骤如下:

单击选中图表,此时功能区中会出现相应的"图表工具功能区",可以对图表的"设计"、"布局"、"格式"进行调整,下面是"布局"选项卡,在左上角的下拉列表中可以选择要设置的部分,如图 4-57 所示。

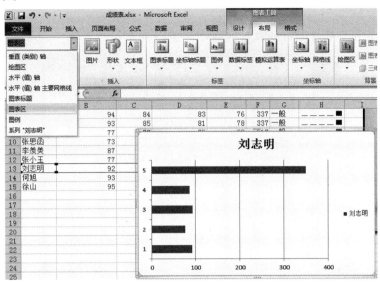

图 4-57　学生成绩图表

选择哪一部分,对应的部分就会被选中,就可以进行下一步的修改或者添加操作。这里把这个图表的标题改为"何欣凰各科成绩",在布局功能区中,左上角的下拉列表中选中图表标题,如图 4-58 所示。

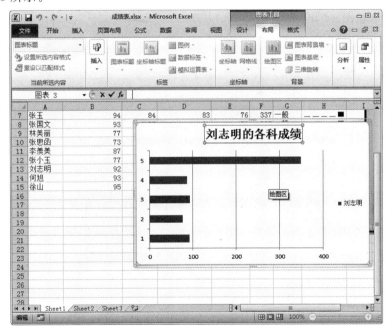

图 4-58　修改图表使用组与分级显示、分类汇总、筛选数据

此时,图表的标题上呈现可编辑状态,这时候直接修改。直接单击这个图表标题也可以实现这样一个修改的功能,其他部分修改也是在下拉列表中选择相应的部分。

三、组与分级显示

要求:把总分和平均分进行分级显示,如图 4-59 所示。

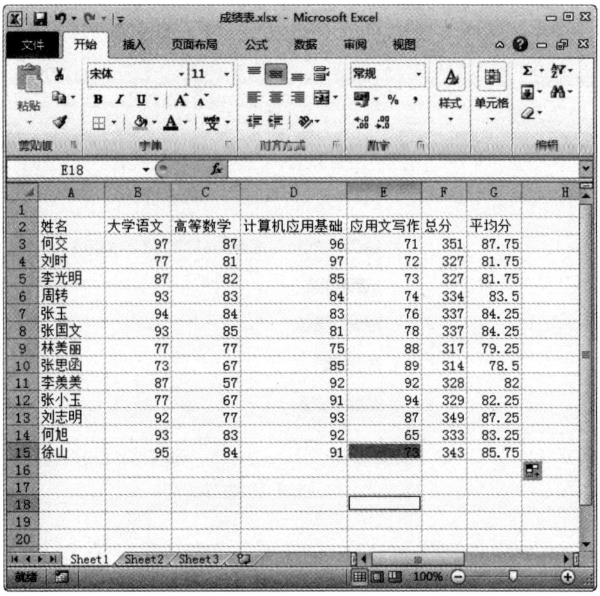

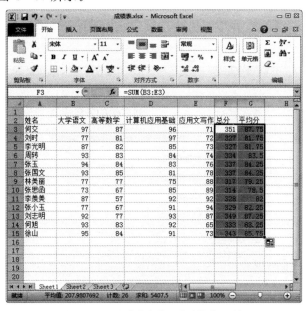

图 4-59　学生成绩图

选中这两列,如图 4-60 所示。

图 4-60　选中"总分"、"平均分"列标

在"数据"功能区中的"分级显示"功能组中单击"创建组"按钮,如图 4-61 所示。可以看到上面的变化了。

此时,按钮变成了"＋"按钮,同时"总分"列和"平均分"列隐藏了,再单击"＋"按钮又会还

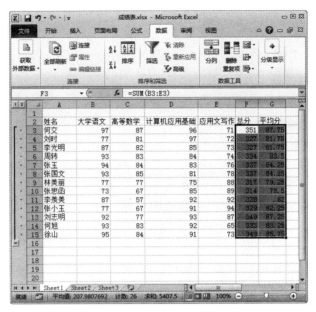

图 4-61　创建选中列的组

原。

　　若要取消分组显示就选中列,然后单击"取消组合"按钮。

Excel 格式设置相关二维码视频:

Excel 数据透视图和透视表相关二维码操作视频:

Excel 实例演练二维码视频:

任务五　实践操作

1.打开工作簿文件:课程成绩单.xls,工作表"课程成绩单"内部分数据如下:

学号姓名课程名称期中成绩期末成绩

200901001 张三网页制作 5060

200901002 竺燕 网页制作 7890

200901003 李四 网页制作 6586

将"课程名称"栏中"网页制作"课程替换为"计算机应用基础"课程,替换后工作表名改为"课程成绩单(替换完成)",工作簿名不变。

2. 打开工作簿文件:课程成绩单.xls,对工作表"课程成绩单"内的数据清单的内容进行排序,条件为"按姓名笔画逆序排序"。排序后的工作表另存为"课程成绩单(排序完成).xls"工作簿文件中,工作表名不变。

3. 打开工作簿文件:课程成绩单.xls,对工作表"课程成绩单"内的数据清单的内容进行自动筛选,条件为"期末成绩大于或等于60并且小于或等于80",筛选后的工作表另存为"课程成绩单(筛选完成).xls"工作簿文件中,工作表名不变。

4. 根据表4-2的基本数据,按下列要求建立 Excel 表。

表4-2 产品销售表单位:元

月份	录音机	电视机	VCD	总计
一月	23.22	211	51.4	
二月	24.22	221	52.4	
三月	25.22	231	53.4	
四月	26.22	241	54.4	
五月	27.22	251	55.4	
六月	28.22	261	57.4	
平均				
合计				

(1)利用公式计算表中的"总计"值;

(2)利用函数计算表中的"合计"值;

(3)利用函数计算表中的"平均"值;

(4)用图表显示录音机在1~6月的销售情况变化。

5. 根据表4-3中的基本数据,按下列要求建立 Excel 表。

表4-3 工资表单位:元

部门	工资号	姓名	性别	工资	补贴	应发工资	税金	实发工资
销售部	2002001	林蒙	女	4365				
策划部	2002021	刘品	男	4620				
策划部	2002050	吕中化	男	4703				
销售部	2006010	国中有	男	5436				
销售部	2004020	张咖	女	4325				
策划部	2006001	崔吕	男	5202				

(1)删除表中的第5行记录;

(2)利用公式计算应发工资、税金及实发工资(应发工资=工资+补贴)(税金=应发工资×3%)(实发工资=应发工资-税金)(精确到角);

(3)将表格中的数据按部门"工资号"升序排列;

(4)用图表显示该月此6人的实发工资,以便能清楚地比较工资情况。

模块五　PowerPoint 2010 幻灯片

演示文稿用于广告宣传、产品演示、教学等场合，PowerPoint 和 Word、Excel 等应用软件一样，也属于 Microsoft 公司推出的 Office 系列产品。PowerPoint 的主要用途是制作图文并茂并具有动画效果的电子幻灯片。

PowerPoint 是一个易学易用、功能丰富的演示文稿制作软件，用户可以利用它制作图文、声音、动画、视频相结合的多媒体幻灯片，并达到最佳的现场演示效果。PowerPoint 演示文稿中的五个最基本的组成部分是文字、图片、图表、表单和动画。其中，文字是演示文稿的基本，图片是视觉表现的核心，图表是浓缩的有效手段，表单是幻灯片的主体，动画是互动的精髓。

【任务描述】

新职员小张分到了公司的宣传部门，公司宣传部门的主要任务是大力宣传本公司的产品，其中各种展销会的大屏投影是公司宣传的一个绝好阵地，小张开始了利用 PowerPoint 2010 制作幻灯片的工作中。

【任务分析】

本任务要求了解 PowerPoint 2010 的基本功能。

【任务实现】

· 幻灯片是半透明的胶片，上面印有需要讲演的内容，幻灯片需要专用放映机放映，一般情况下由演讲者进行手动切换。PowerPoint 是制作电子幻灯片的程序，在 PowerPoint 中用户以幻灯片为单位编辑演示文稿。

· 演示文稿是以扩展名".pptx"保存的文件，一个演示文稿中包含多张幻灯片，每张幻灯片在演示文稿中既相互独立又相互联系。

一、启动和基本操作界面

与其他 Office 软件的启动方法类似，选择"开始"→"所有程序"→"Microsoft Office"→"Microsoft Office PowerPoint 2010"命令，启动 PowerPoint，其操作窗口如图 5-1 所示。

与 Word 和 Excel 等 Office 软件一样，自 2007 版以后，PowerPoint 采用功能区替换了 2003 及更早版本中的菜单和工具栏。

1. PowerPoint 中的视图

在 PowerPoint 窗口右下方的状态栏提供了各个主要视图(普通、幻灯片浏览、阅读和幻灯片放映视图)。

(1)普通视图

单击状态栏上的按钮可以切换至普通视图。该视图是主要的编辑视图，可用于撰写和设计演示文稿。普通视图有四个工作区域，即"幻灯片"、"大纲"选项卡，"幻灯片"窗格和"备注"窗格。

"大纲"选项卡以大纲形式显示幻灯片文本，是开始撰写内容的理想场所；在这里，可以捕获灵感，计划如何表述它们，并能移动幻灯片和文本，如图 5-2(a)所示。

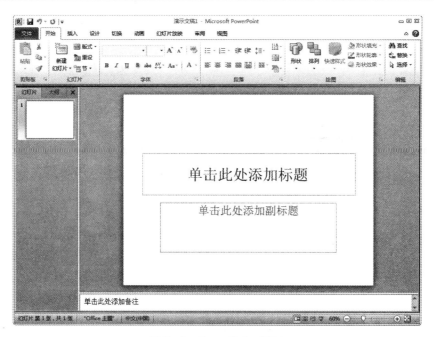

图 5-1　PowerPoint 界面

"幻灯片"选项卡可显示幻灯片的缩略图,在其中操作可以快速浏览幻灯片的内容或演示文稿的幻灯片流程,或快速移至某一张幻灯片,如图 5-2(b)所示。

PowerPoint 自 2010 版开始支持节的功能,与 Word 中的分节符类似,节可将一个演示文稿划分成若干个逻辑部分,更有利于组织和多人协作。

（a）　　　　　　　　　　　　　　（b）

图 5-2　大纲及幻灯片选项卡

（2）幻灯片浏览视图

单击按钮可以切换至幻灯片浏览视图,这种视图直接显示幻灯片缩略图,在创建演示文以及周边打印演示文稿的顺序进排列和组织。此外,还可以在幻灯片浏览视图中添加节,并按不同的类别或节对幻灯片进行排序,如图5-3所示。

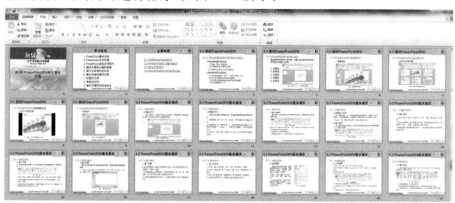

图5-3　"幻灯片浏览"视图

(3)幻灯片放映视图

幻灯片在播放的过程中全屏显示,逐页切换,可以通过单击"▣"按钮切换至放映视图,对当前幻灯片开始播放。

2. 功能区

与其他Office软件类似,普通视图下,PowerPoint功能区包括9个选项卡,按照制作演示文稿的工作流程从左到右依次分布,如图5-4所示。

图5-4　功能区

各选项卡及包括的主要功能如表5-1所示。

表5-1　PowerPoint选项卡功能

选项卡	主要功能	对应演示文稿制作流程
开始	插入新幻灯片,将对象组合在一起以及设置幻灯片上的文本格式	准备素材、确定方案、开始制作演示文稿
插入	将表、形状、图表、页眉或页脚插入演示文稿	增加演示文稿的信息量,提升说明力
设计	自定义演示文稿的背景、主题设计和颜色或页面设置	装饰处理
切换	可对当前幻灯片应用、更改或删除切换效果	
动画	可对幻灯片上的对象应用、更改或删除动画	
幻灯片放映	开始幻灯片放映、自定义幻灯片放映的设置和隐藏单个幻灯片	预演与展示
视图	查看幻灯片母版、备注母版、幻灯片浏览。打开或关闭标尺、网格线和绘图指导	提升整体质量
审阅	保存现有文件和打印演示文稿	审核校对

二、PowerPoint 与 Word 的主要区别

Word 的主要功能是制作文档,接近于现实生活,其基本操作单位是页、段和文字;Power-Point 的主要用途是制作展示用的幻灯片,因此在 PowerPoint 中的逻辑操作单位是幻灯片和占位符。因用途不同,PowerPoint 不像 Word 那样注重于文字格式的排版供用户打印美观的纸质文档,其更注重于对象的位置、颜色和动画效果的设置,以保证用户在屏幕上能够达到最佳演示效果。

占位符是一种带有虚线边缘的框,绝大部分幻灯片版式中都有这种框,如图 5-5 所示。在这些框内可以放置标题及正文,或者是图表、表格和图片等对象。幻灯片的版式变换实际上是对占位符位置和属性的调整。

图 5-5 占位符

三、设计演示文稿的基本原则

逻辑结构清晰,层次鲜明的演示文稿可以让观众明确演示目的。设计演示文稿时要注意文字不宜过多,颜色搭配合理,恰当使用动画效果和幻灯片切换效果。

1. 黄金法则

演示文稿有一种典型结构,这种结构基于两种概念:

(1)一除以六乘以六

又称"演示文稿黄金法则",基本概念是每张幻灯片只讨论一个项目,一张幻灯片最多有六个子项目,每个子项目又不应超过六个词语。实践表明,如果一行超过六个词语,观众将无法一次抓住这一行所要表达的意思,就不能专心听演讲者的介绍。任何法则都会有例外,但应尽可能将此作为一项基本理念。

(2)重复

首先向观众说明要讲的主要内容,讲到这些内容时,再向观众总结讲了什么。在演示过程中要使用积极的语调,使用现在时态使演示保持主动语态而不是被动语态。

2. 常用演示文稿结构

通常来说,演示文稿的结构包括:

(1)标题幻灯片

一个演示文稿通常有一个主题,如"××年度报告"、"新产品建议书"、"进度报告"等。标题幻灯片体现主题,很多演讲者会在开场白时播放标题幻灯片。

(2)目录幻灯片

目录幻灯片是演示文稿的目录页,向观众介绍将要演讲的信息概要。根据"黄金法则"应将项目数量限制在六张以内。

(3)内容幻灯片

目录幻灯片的每个项目都将有一张相对应的内容幻灯片。目录幻灯片上的项目为内容幻灯片的标题。有时可能会需要多张幻灯片来阐述一个项目,这时,每张幻灯片的标题都是相同的,但可以使用副标题来区分这些幻灯片。

3. 设计原则

设计出的幻灯片除了借鉴"黄金法则"外,还需要注意色彩搭配、明暗对比度、文字大小等细节问题。

(1)色彩搭配与对比度

要注意选择合适的背景和文字颜色,以保证观众可以看清演示文稿中的文字和图片内容。如果选择颜色较深的背景色,则需要将文字设置成较亮的颜色,反之亦然。例如,选择蓝色背景时,选择黄色或白色文字等。因为演示文稿大多数情况下在投影仪上播放,所以建议选择三基色(红、绿、蓝)进行搭配。

(2)字体与字号

在字体方面,要注意选择线条粗犷的字体,建议选择黑体字并且加粗;字号方面建议在保证演示文稿美观和整洁的基础上,尽量加大,但是要注意合理断句。

四、PowerPoint 的基本操作

制作演示文稿的一般工作过程可归纳为:

(1)准备素材,确定方案。

(2)归纳总结及信息提炼。

(3)装饰处理,提升演示文稿的观赏性。

(4)预演放映。

(5)审核校对。

(6)打包发布。

1. 创建演示文稿

(1)空演示文稿

PowerPoint 启动后就自动创建一个空白演示文稿文件,此文件中的幻灯片具有白色背景和文字默认为黑色,不具备任何动画效果,也不具备任何输入内容提示,如图 5-6 所示。

(2)样本模板

模板是创建演示文稿的模式,提供了一些预配置的设置,如文本和幻灯片设计等,如果从头开始创建演示文稿,使用模板更为快速。PowerPoint 提供相册、日历、计划和用于制作演示

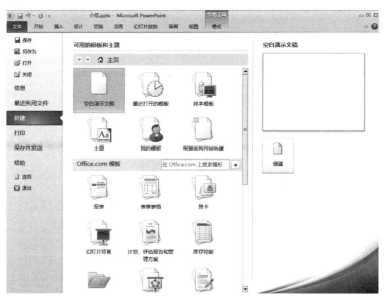

图 5 - 6   可用的模板和主题

文稿的各种资源的样本模板。此外,通过"Office. com 模板"可以实时获取微软提供的最新设计。

（3）主题

主题包括预先设置好的颜色、字体、背景和效果,可以作为一套独立的选择方案应用于文件中。还可以在 Word、Excel 和 Outlook 中使用主题,使文档、表格、演示文稿和邮件的整体风格一致。

保存、关闭和打开演示文稿与 Word 完全一致。

2. 使用样本模板创建演示文稿

使用"PowerPoint 2010 简介"样本模板创建一个演示文稿,如图 5 - 7 所示,创建完毕后换

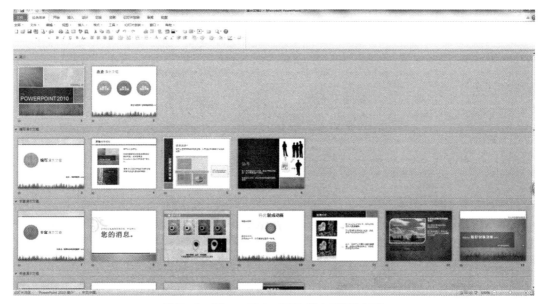

图 5 - 7   "PowerPoint 2010 简介"演示文稿

至放映视图,观看该演示文稿。

案例分析:

该演示文稿所有幻灯片风格相同,并且具有内容提示,主题与操作工具 PowerPoint 2010 有关,首先应考虑使用"样本模板"新建演示文稿,从浏览视图看,该演示文稿采用了分节的方法;标题栏上显示的文件名是"介绍.pptx",并且未显示兼容模式字样。

操作方法如下:

(1)选择"文件"→"新建"命令,在"可用的模板和标题"中,单击"样本模板"按钮。

(2)双击"PowerPoint 2010 简介"图标即可创建基于样本模板的演示文稿。

(3)单击窗口右下角状态栏上的按钮切换至"幻灯片浏览"视图,可观察到幻灯片缩略图按节分类显示。

(4)选中第一页幻灯片,单击状态栏上的按钮开始放映幻灯片,学习 PowerPoint 2010 的新增功能。

小结:"样本模板"为广大用户提供规范的演示文稿格式,用户可根据实际需要进行取舍,在制作商务演示文稿时这一功能尤为实用,在提示向导自动创建的演示文稿中需要进行一系列的个性化操作。

后续案例将以"奥林匹克运动"为主题,结合演示文稿制作流程介绍 PowerPoint 中的常用操作。

3. 确定演示文稿框架

利用"大纲"选项卡,建立"奥林匹克运动"演示文稿的框架。编者通过搜索制作的演示文稿框架如图 5-8 所示。

图 5-8　演示文稿框架

案例分析:

制作"奥林匹克运动"有关主题的演示文稿,首先需要利用 Internet 搜索与其有关的信息,包括文字介绍、图片信息等,对制作对象加以了解,确定制作主题和基本展示框架,然后利用

"大纲"选项卡将框架制作出来。

操作方法如下：

(1)选择"文件"→"新建"命令，双击"空白演示文稿"。

(2)启动浏览器使用"百度"等搜索引擎搜索与"奥林匹克运动"有关的信息。

(3)对信息进行过滤、挑选，确定展示方案。

①单击"大纲"选项卡，依次输入幻灯片标题，按【Enter】键，新建幻灯片。

②选中第一张幻灯片，在幻灯片窗格中的"副标题"占位符中输入"五环圈"。

③所有幻灯片标题键入完毕后，单击窗口左上角的"保存"按钮。

(4)在弹出的"另存为"对话框中，输入文件名"奥林匹克运动.pptx"，单击"保存"按钮。

小结：一定要养成在制作演示文稿前确定展示方案，拟定展示提纲的习惯，"大纲"选项卡以大纲形式显示幻灯片文本，是开始撰写内容的理想场所；在"大纲"选项卡下，输入幻灯片的标题后，按【Enter】键将自动添加新的幻灯片，按【Shift＋Enter】组合键可在一页幻灯片上换行。

4. 规范演示文稿结构

确定主题的展示方案后，进一步规划每一部分需要幻灯片的大致张数。对于张数较多的演示文稿，可以使用新增的节功能组织幻灯片，与使用文件夹组织文件类似，使用命名节跟踪幻灯片组。而且，可以将节分配给其他合作者，明确合作期间的所有权。分节后的演示文稿如图 5-9 和图 5-10 所示。

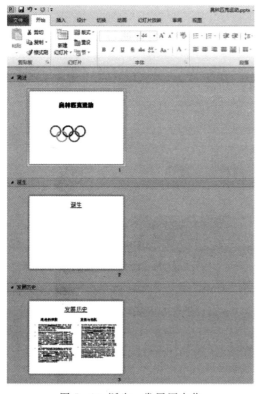
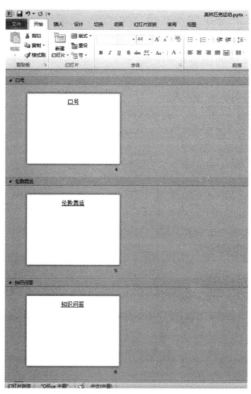

图 5-9　诞生～发展历史节　　　　图 5-10　口号～知识问答节

案例分析：

图中使用的是幻灯片浏览视图，整个演示文稿共分为 7 节，依次是：简述、诞生、发展历史、口号、伦敦奥运、知识问答、五环。"诞生"节中包括节标题幻灯片和四张内容幻灯片，"发展历史"节中包括节标题幻灯片和两张内容幻灯片。在"幻灯片"选项卡下,选中某一节开始的幻灯片后右击,在弹出的快捷菜单中选择"新增节"命令可增加一节;选中一张幻灯片,选择"开始"→"版式"→"节标题"命令可将版式更改为节标题。

操作方法如下:

(1)打开"奥林匹克运动.pptx"文稿,切换至"幻灯片"选项卡,选中第一张幻灯片右击,在弹出的快捷菜单中选择"新增节"命令,如图 5-11(a)所示。

(2)选中新增的节右击,在弹出的快捷菜单中选择"重命名节"命令,在弹出的对话框中输入"简介",如图 5-11(b)所示。

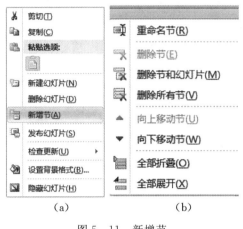

(a)　　　　　　　　　(b)

图 5-11　新增节

(3)选中标题为"历程"的幻灯片,新增一个同名的节,选择"开始"→"版式"→"节标题"命令将其版式更改为"节标题"幻灯片。

(4)参照图 5-9 或根据搜索到的相关素材,选择"开始"→"新建幻灯片"→"标题和内容"命令完成内容幻灯片的添加。

(5)按类似的方法完成其他节和幻灯片的添加。

(6)将演示文稿另存为"奥林匹克运动新增节.pptx"。

小结:"节"使演示文稿的结构更加清晰。幻灯片被增加至节中后,可以随节的移动而移动,删除而删除,这一功能有利于多人协作、校对以及对幻灯片结构的修改。

(五)使用幻灯片版式和项目符号

本案例将完成"简介"及"早期方案与命名"幻灯片的内容制作。

案例分析:

"发展历史"幻灯片采用了"两栏内容"的版式,左边是文字,右边是图片,文字采用默认字体,使用作为项目符号;"早期方案与命名"幻灯片也使用了项目符号,具有"早期方案"和"命名依据"两个子标题,"命名依据"栏使用了不同的字体。

操作方法如下:

(1)设置幻灯片版式。

①选中"简介"幻灯片,将其设置成"两栏内容"版式。

②切换至功能区中的"开始"选项卡,单击"幻灯片"组中按钮右侧的下拉按钮。

③选择"两栏内容",执行完毕后,幻灯片上将增加一个占位符。

（2）输入文字内容并设置项目符号。

①单击左侧的占位符，录入与"发展历史"有关的文字。

②单击"段落"组中的"项目符号"按钮右侧的下拉按钮，选择"项目符号和编号"命令。

③在对话框中单击"自定义"按钮，在"符号"对话框（见图 5 - 12）中选择 Wingdings 字体，找到相应符号。

（3）添加图片至占位符。

占位符中除了可以输入文字外，还可以存储图像、表格等对象。单击石侧占位符中的"插入来自文件的图片"按钮，在弹出的对话框中选择事先选好的图片。

图 5 - 12   设置特定项目符号

（4）切换至"早期方案与命名"幻灯片，将其设置成"比较"版式。

（5）输入文字并设置项目符号。

（6）选择"文件"→"另存为"命令将演示文稿另存为"奥林匹克增加项目符号.pptx"。

小结："幻灯片版式"实际上是系统预置的各种占位符布局，在使用时可根据需要进行选择，建议不要采用绘制文本框的形式在幻灯片上输入文字，因为绘制的文本框在更改版式时不会随版式而改变。项目符号有助于提升幻灯片上文字的逻辑性，用户可以根据需求自定义项目符号。

五、制作历届奥林匹克运动会的举办表

表格和图形时是 PowerPoint 中经常使用的对象，使用这两种对象可以让观众明确演讲者的意图。这里的表格和图形操作与其他 Office 软件基本相同。

1.创建表格

"对象"是一张幻灯片上的任意形状、图片、视频或者文本框，表格是对象中的一种。PowerPoint 不像 Word 那样具有将规则文字转换为表格的功能。这里的表格是多个文本框的组合，可以使用"表格和边框"工具栏来快速修改表格属性。一个设计得比较好的表格会更加突出展示效果。PowerPoint 中插入表格的方法有多种，最为常用的是单击占位符中的"插入表格"按钮和选择"插入"选项卡中的"表格"命令。选中表格对象后，功能区中将出现"表格工具"组，包含"设计"和"布局"两个选项卡。

（1）设计

该选项卡中包括设置边框、底纹等一系列关于表格样式设置的按钮。

（2）布局

包括表格的行、列、宽度，对齐方式等设置的按钮。

2.插入表格并设置样式

"历程"节相关的演示内容较多，使用表格可突出展示出历程的时间点，本案例要制作的幻灯片如图5-13所示。

历届奥林匹克运动会的举办汇总

时间	届数	国家	城市
1896年	1	希腊	雅典
1900年	2	法国	巴黎
1904年	3	美国	圣路易斯
1908年	4	英国	伦敦
1912年	5	瑞典	斯德哥尔摩
1920年	7	比利时	安特卫普
1924年	8	法国	巴黎
1928年	9	荷兰	阿姆斯特丹
1932年	10	美国	洛杉矶
1936年	11	德国	柏林
1948年	14	英国	伦敦
1952年	15	芬兰	赫尔辛基
1956年	16	澳大利亚	墨尔本
1960年	17	意大利	罗马
1964年	18	日本	东京
1968年	19	墨西哥	墨西哥城
1972年	20	德国	慕尼黑
1976年	21	加拿大	蒙特利尔
1980年	22	前苏联	莫斯科
1984年	23	美国	洛杉矶
1988年	24	韩国	汉城
1992年	25	西班牙	巴塞罗那
1996年	26	美国	亚特兰大
2000年	27	澳大利亚	悉尼
2004年	28	希腊	雅典
2008年	29	中国	北京
2012年	30	英国	伦敦
2016年	31巴西	里约热内卢	

图5-13　插入并设置表格格式

案例分析：

该幻灯片采用默认的"标题和内容"版式，由标题占位符和8行2列表格构成；单元格中的文字垂直居中，表格无外框线并具有半透明的阴影。

操作方法如下：

（1）打开"奥林匹克运动.pptx"文稿，另存为"奥林匹克会时间表.pptx"。

（2）插入表格。

①选中"发展历史"演示文稿，单击占位符中的按钮，插入一个29行4列的表格。

②启动Word复制搜索到的文字素材，采用"只保留文本"的模式粘贴至空白文档。

③在Word中，完成素材文字的整理，删除多余的文字内容，在所有的日期末尾按【Tab】键输入制表符，整理好的文字素材如图5-14所示（显示编辑标记状态）。

④复制整理好的文字素材，将其转换成表格，切换至演

时间	届数	国家	城市
1896年	1	希腊	雅典
1900年	2	法国	巴黎
1904年	3	美国	圣路易斯
1908年	4	英国	伦敦
1912年	5	瑞典	斯德哥尔摩
1920年	7	比利时	安特卫普
1924年	8	法国	巴黎
1928年	9	荷兰	阿姆斯特丹
1932年	10	美国	洛杉矶
1936年	11	德国	柏林
1948年	14	英国	伦敦
1952年	15	芬兰	赫尔辛基
1956年	16	澳大利亚	墨尔本
1960年	17	意大利	罗马
1964年	18	日本	东京
1968年	19	墨西哥	墨西哥城
1972年	20	德国	慕尼黑
1976年	21	加拿大	蒙特利尔
1980年	22	前苏联	莫斯科
1984年	23	美国	洛杉矶
1988年	24	韩国	汉城
1992年	25	西班牙	巴塞罗那
1996年	26	美国	亚特兰大
2000年	27	澳大利亚	悉尼
2004年	28	希腊	雅典
2008年	29	中国	北京
2012年	30	英国	伦敦
2016年	31	巴西	里约热内卢

图5-14　整理完毕的文字素材

示文稿窗口,选择"开始"→"粘贴"→"使用目标样式"命令将其粘贴至幻灯片的表格中。因为Word中的文字本身带有格式,所以在复制文字以后,选中幻灯片上的表格,然后执行"开始"→"粘贴"→"使用目标样式"命令使用 PowerPoint 中的主题直接修饰;制表符可以作为转换表格的分隔符。

⑤设置字号"20"磅,调整表格宽度和高度,使表格适应文字内容,移动表格至恰当位置。

默认情况下,表格大小随文字字号变化,调整表格的宽度和高度后,文字能够自动适应单元格。

(3)设置表格格式。

①选中表格中的全部文字,切换至"布局"选项卡,单击"对齐方式"组中的"垂直居中"按钮,选中第一行文字,设置水平居中。

②选中表格,切换至"设计"选项卡,单击"表格样式"组中"边框"按钮右侧的下拉按钮,执行命令。

③单击"表格样式"组中"效果"按钮右侧的下箭头,选择"阴影"→"透视"→"右上对角透视"命令。完成状态如图 5-15 所示。

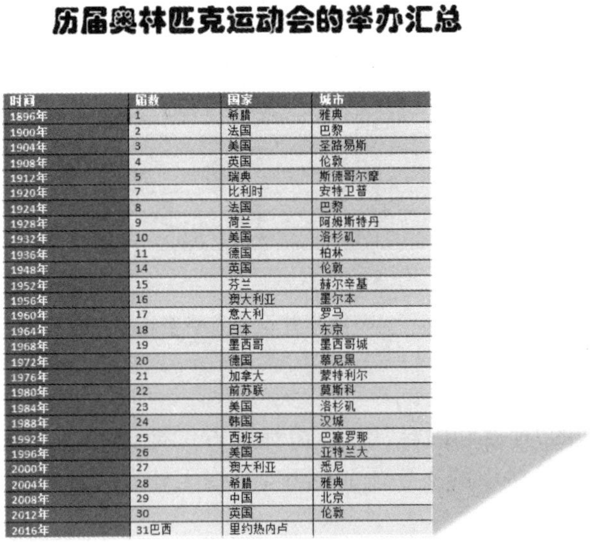

图 5-15 插入并设置表格格式

小结:演示文稿中的表格是由一组占位符构成的,每个单元格为一个占位符;若(创建)插入新幻灯片时,选用了带有"表格"的幻灯片版式,则可单击占位符中的"插入表格"按钮,在对话框中设定行、列数,然后单击"确定"按钮创建。

因为演示文稿中的表格与 Word 中的表格存在区别,所以事先在 Word 中制作好表格将表格粘贴至幻灯片上,再设置格式是一种效率较高的做法。值得一提的是 PowerPoint 中的表格的主要目的是对观众展示,在使用表格时应尽量保证文字简练,行数和列数较少,可以让观众清楚地看到单元格中的内容。设置表格外观可以通过"设计"选项卡完成。在表格中可以按【Tab】键切换单元格。在将已有 Word 文档制作成演示文稿的情景下,如果表格十分复杂,粘贴至幻灯片后处理起来非常烦琐,可以采用截图或者链接的形式来处理。

在演示文稿中恰当运用图形和图像插图,可以大大提高对观众的吸引力,突出演示重点。

3. 插入剪贴画

要制作的幻灯片如图 5 - 16 所示。

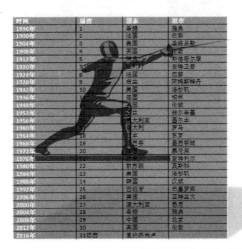

图 5 - 16　个性化图形幻灯片示例

案例分析：

该幻灯片采用的版式是"标题和内容"版式，内容使用表格的形式展现，表格下方使用一张经过修改的"地球"主题剪贴画作为背景，表格具有透明效果。

操作方法如下：

（1）打开"奥林匹克时间表.pptx"文稿。另存为"奥林匹克插入剪贴画.pptx"。

（2）制作表格。

在"幻灯片"选项卡中，选中"发展历史"幻灯片，采用前面的操作方法。

（3）插入剪贴画。

①单击幻灯片空白处，选择"插入"→"剪贴画"命令。

②在弹出的"剪贴画"任务窗格中输入剪贴画的关键字来搜索需要的素材。

浏览剪贴画，单击其右侧的下拉箭头，在弹出的快捷菜单中选择"插入"命令，如图 5 - 17 所示。

在"搜索文字"文本框输入搜索内容后，单击"搜索"按钮可以看到所有的搜索结果，可以通过选择搜索范围和结果类型使搜索更精确，并且，可以通过该任务窗格搜索视频和声音文件。

（4）参照样文，将其取消组合，删除多余的部分。

在 PowerPoint 中有两种类型的图片：不能被重新组合的"位图"和可以被取消组合采用绘图工具编辑的"矢量图"。大多数的剪贴画都是矢量图格式的。取消组合的图形就像利用形状工具绘制图形一样可以被编辑。

选中该剪贴画，将其取消组合（可能需要执行多次取消组合操作），参照样文选中相应的区域删除，更改完毕后重新组合。

（5）设置叠放次序。

图片在表格上一层，遮挡表格中的文字，选中图形后右击，在弹出的快捷菜单中选择"置于

图 5-17　搜索剪贴画

底层"→"置于底层"命令,使其下移至底层,如图 5-18 所示。

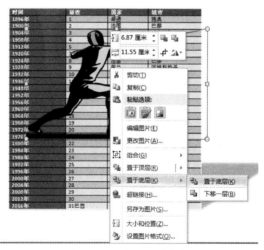

图 5-18　设置叠放次序

(6)设置表格透明度。

选中表格对象右击,在弹出的快捷菜单中,选择"设置形状格式"命令,在弹出的对话框中选择"填充",拖动滑块调整表格的透明度,如图 5-19 所示。

(7)保存该演示文稿。

PowerPoint 中可以使用的图形类型如表 5-2 所示。

图 5-19　调整表格填充色透明度

表 5-2　PowerPoint 支持的图形

类型	扩展名	说明
增强型图元文件	.emf	大多为矢量图
图形交换格式	.gif	通常带有动画效果
联合图像专家组	.jpg.jpeg.	jpe 图片,非矢量图
可移植网络图形	.png	大多为矢量图
Windows 位图	.bmp.rle.dib	图片,非矢量图
Windows 图元文件	.wmf	Windows 剪贴画大多为这种格式的矢量图

在演示文稿中恰当地使用图形可以大大提高演示效果,用户可以利用绘图工具绘制图形,也可以对插入部分的图形进行个性化设置。

只有矢量图可以被取消和重新组合,插入的图片等不可以执行这些操作。应该意识到,如果编辑具有动画效果的剪贴画,被编辑对象可能与原来形状不一致。

4. 使用 SmartArt

当文字内容较多时,用户可以使用 SmartArt 组件将其制作成与逻辑顺序相符的图形,增强演示效果。

要制作的幻灯片如图 5-20 所示。

案例分析:

该幻灯片采用图形呈现发射背景中的三个主要时间点,这种图形是采用 SmartArt 制作的,通过箭头体现先后顺序,应用了"简单填充"样式使三个时间点采用不同的颜色。

操作方法如下:

(1)打开"奥林匹克运动.pptx"文稿,另存为"奥林匹克运动 SmartArt.pptx"。

(2)插入 SmartArt 图形。

①在"幻灯片"选项卡中,选中"发射背景"幻灯片,单击幻灯片空白处,选择"插入"→

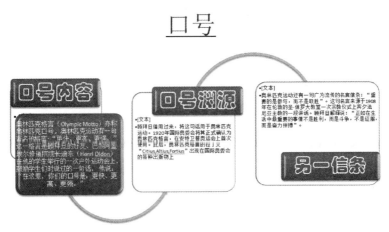

图 5-20　SmartArt 图形幻灯片示例

"SmartArt"命令或者单击占位符中的按钮。

②在弹出的"选择 SmartArt 图形"对话框中选择"流程"→"交替流",如图 5-21 所示。

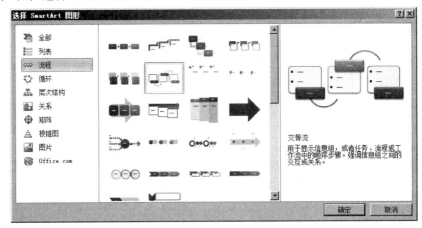

图 5-21　选择 SmartArt 图形

③在"在此处键入文字"窗格中,依次输入图形中需要显示的内容,选中项目后右击,在弹出的快捷菜单中选择"升级"和"降级"命令来设置从属关系,选择"上移"和"下移"命令来设置前后顺序,如图 5-22 所示。

④SmartArt 图形与表格类似,选中后,功能区中将自动出现"SmartArt 工具",包括"设计"和"格式"选项卡。

⑤通过"设计"选项卡,将图形设置为"简单填充"的 SmartArt 样式。

⑥使用图片和文字完成"结构"节的两张幻灯片内容的编辑,应用"图片工具"对插入的图片素材进行处理,如裁剪、删除背景等。

(3)使用 SmartArt 完成"主要任务"和"后续任务"节,参考结果如图 5-23 所示。

(4)保存该演示文稿。

小结:创建 SmartArt 图形时,系统会提示选择类型,如"流程"、"层次结构"或"关系"。类型类似于 SmartArt 图形的类别,并且每种类型包含几种不同布局。因为 PowerPoint 演示文

口号内容

奥林匹克格言（Olympic Motto）亦称奥林匹克口号。奥林匹克运动有一句著名的格言："更快、更高、更强。"这一格言是顾拜旦的好友、巴黎阿查埃尔修道院院长迪东（Henri Didon）在他的学生举行的一次户外运动会上，鼓励学生们时说过的一句话，他说："在这里，你们的口号是：更快、更高、更强。"这句口号的希腊语是："citius, altius, fortius."

口号渊源

顾拜旦借用过来，将这句话用于奥林匹克运动。1920 年国际奥委会将其正式确认为奥林匹克格言，在安特卫普奥运会上首次使用。此后，奥林匹克格言的拉丁文"Citius,Altius,Fortius"出现在国际奥委会的各种出版物上。奥林匹克格言充分表达了奥林匹克运动所倡导的不断进取、永不满足的奋斗精神。虽然只有短短的6个字，但其含义却非常丰富，它不仅表示在竞技运动中要不畏强手，敢于斗争，敢于胜利，而且鼓励人们在自己的生活和工作中不甘于平庸，要朝气蓬勃，永远进取，超越自我，将自己的潜能发挥到极限。

另一信条

奥林匹克运动还有一句广为流传的名言信条："重要的是参与，而不是取胜"。这句名言来源于 1908 年在伦敦的圣-保罗大教堂一次宗教仪式上宾夕法尼亚主教的一段讲话。顾拜旦解释说："正如在生活中最重要的事情不是胜利，而是斗争，不是征服，而是奋力拼搏"

图 5 - 22　输入 SmartArt 图形中的文字

图 5 - 23　插入视频幻灯片示例

稿通常包含带有项目符号列表的幻灯片，所以当使用 PowerPoint 时，也可以将幻灯片文本转换为 SmartArt 图形。还可以使用某一种以图片为中心的新 SmartArt 图形布局快速将 PowerPoint 幻灯片中的图片转换为 SmartArt 图形。

SmartArt 图形创建后，可以通过功能区中的选项卡进行修改，此外，还可以通过文本窗格改变图形的顺序和文字的级别。

六、多媒体应用

媒体（Medium）原有两重含义，一是指存储信息的实体，如磁盘、光盘、磁带、半导体存储器等，中文常译做媒质；二是指传递信息的载体，如数字、文字、声音、图形等，中文译做媒介。从字面上看，多媒体（Multimedia），就是由单媒体复合而成的。

1. 音频与视频

将声音或影片剪辑对象添加至演示文稿中，是增加幻灯片品质和吸引观众眼球的有效途径。用户可以通过 Microsoft 剪辑管理器从 CD、语音和声音文件中录制声音，或者使用视频文件。记住，声音和影片剪辑文件很大，创建或插入其可能会导致整个演示文稿文件变大。用户能够设置声音和视频持续播放或只播放一次。

一般情况下,PowerPoint 会嵌入声音和视频等对象,也就是说对象成为演示文稿的一部分。如果需要使用较大的视频或声音文件时最好使用链接形式。

选中功能区中的"插入"选项卡,分别单击"音频"或"视频"按钮并进行后续操作可实现对应文件的添加。

2. 插入视频剪辑

在"发射当天"幻灯片后,插入一张新幻灯片,用于播放发射成功的视频,以提升演示效果。参考幻灯片如图 5-23 所示。

案例分析:

将影片和视频剪辑插入至 PowerPoint 中的方法与插入剪贴画对象一样简单。用户可以插入自己的影片文件,也可以从 Microsoft 剪辑管理器中选择剪辑,与声音文件一样,可以为影片或视频剪辑添加动画效果。

应注意到,影片和视频剪辑文件尤其庞大,这些文件默认情况下将被链接至演示文稿中,如果将演示文稿复制至其他计算机上、通过电子邮件发送给其他人或发布为 Web 演示文稿,必须将剪辑文件与演示文稿一起移动。

操作方法如下:

(1)打开"奥林匹克运动.pptx"文稿,另存为"奥林匹克插入视频.pptx"。

(2)搜索并下载素材。利用互联网搜索并下载"奥林匹克开幕式"的视频,与演示文稿保存在同一文件夹下。

下载土豆、优酷等视频网站上的素材,需要提前下载其专门提供的视频插件。

(3)新建幻灯片。

选中"伦敦奥运会"幻灯片右击,在弹出的快捷菜单中选择"新建幻灯片"命令,如图 5-24 所示。

图 5-24　新建幻灯片

(4)插入视频文件。

单击内容占位符中的按钮,在弹出的"插入视频文件"对话框中,选中要插入的文件,单击"插入"按钮,如图 5-25 所示。

当视频文件较大时,建议选择"链接到文件",这样视频文件不嵌入在 pptx 文件中,使文件修改起来相对迅速,但是,如果在其他计算机上放映该演示文稿时,视频文件要事先复制到相应路径,否则,视频无法播放。

(5)设置视频文件属性。

选中插入视频文件,功能区中将出现"视频工具"选项组,其中包括"格式"和"播放"两个选项卡;使用"格式"选项卡,可以对视频文件的外观、样式等信息进行调整;"播放"选项卡用来设

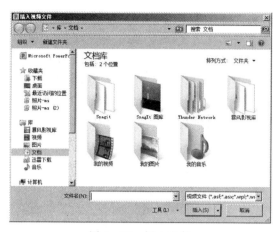

图 5-25　插入文件

置视频文件如何播放等信息。

①设置视频文件的"视频效果"为"预设"中的"预设 12"。

②设置"视频选项"为"未播放时隐藏"、音量为"中"并自动播放。

③切换至"放映"视图测试。

若要在演示期间显示媒体控件,请执行下列操作:

在"幻灯片放映"选项卡上的"设置"组中,选中"显示媒体控件"复选框。

在幻灯片上插入视频文件的做法有多种,例如,选择"插入"→"视频"命令及单击占位符中的视频按钮等。

使用搜索引擎提供的"视频"搜索功能可以方便地搜索到视频文件。

在视频文件上层放置文本框等占位符,增强演示效果,突出演示主题。

小结:声音和视频等多媒体文件可以增强演示效果,使用时要注意播放演示文稿的计算机系统上应安装有播放素材文件的播放器和解码组件,因为 PowerPoint 本身并不包含播放声音和视频的功能,这些功能是其通过调用系统中安装的相关软件实现的。例如:播放 MP3、AVI 和 WMV 文件必须要保证系统中安装有较新版本的 Windows Media Player 等。当视频文件较大时,应采用链接的形式插入,并在移动演示文稿时需连同链接文件一起移动。

七、插入 MP3 文件作为背景音乐

案例分析:

放映幻灯片时同时播放背景音乐可以将观众带入一种意境,MP3 声音文件是网络上较为常见的格式,插入声音文件与插入视频和图片等对象的操作方法类似,声音文件在 Power-Point 中以"小喇叭"图标的形式可见。

操作方法如下:

(1)打开"奥林匹克运动.pptx"文稿,另存为"奥林匹克运动插入 mp3.pptx"。

(2)利用互联网搜索并下载适合主题的 MP3 文件。

(3)将下载到的文件插入至第一张幻灯片,并设置自动播放,放映时隐藏声音图标。

①选中第一张幻灯片,选择"插入"→"音频"→"文件中的音频"命令。

②在"插入音频"对话框中选中声音文件,单击"插入"按钮。

与视频文件类似,音频文件同样分为两种插入形式,即直接嵌入和链接,当声音文件较大,演示文稿页数较多时,建议选择链接形式插入;音频对象同样具有格式和播放选项卡,其功能与视频类似,不再赘述。

③选中插入的音频对象,切换至"播放"选项卡,在"音频选项"组中,选中"放映时隐藏"复选框,选择"自动播放"选项。

(4)设置声音在视频幻灯片播放前停止。

默认情况下,单击鼠标时自动停止播放声音。要实现在幻灯片切换的过程中始终连续播放同一音频文件,可切换至"播放"选项卡,在"音频选项"组中,选择"跨幻灯片播放"选项,如果设置声音在某一页幻灯片播放完毕后停止,则需要对"播放音频"的"效果选项"进行设置。

①选中音频文件,选择"动画"→"动画窗格"命令。

②单击音频文件右侧的下拉按钮,选择"效果选项"命令,弹出"播放音频"对话框,切换至"效果"选项卡。

③在"停止播放"组中,设置在某张幻灯片停止播放音频,如图 5-26 所示。主要选项功能如下。

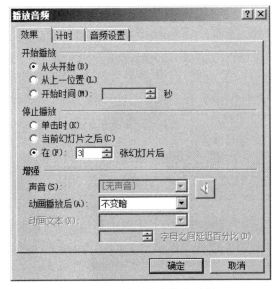

图 5-26　设置声音停止时间

"从上一位置":从上一次音频播放停止处继续播放。

"开始时间":设置从那一时间开始播放音频对象,例如:声音文件的总长度是 5 分钟,可以通过改选项设置从第 3 分钟处开始播放。

"在某张幻灯片后":循环播放声音,直至指定的数字的幻灯片播放完毕后停止。

提示:当音频文件持续时间不是很长的情况下,可能在演示文稿放映完毕前,就没有声音了。如要连续播放音乐,可选中声音对象,在"播放"选项卡下,选中"循环播放直到停止"复选框,这一选项的含义是循环播放该声音,直到遇到停止播放声音命令。设置持续播放的背景声音,应将声音对象设置为"循环播放直到停止",并且在"播放"选项卡下,选择"跨幻灯片播放"。

(5)保存演示文稿,切换至放映视图,观察声音的播放情况。

提示:如果采用链接形式插入音频,在执行插入操作之前,请将音频文件与演示文稿保存在同一文件夹下,在移动演示文稿时同时移动其所链接的声音文件,以保证在其他计算机上播放正常。音频在幻灯片放映视图下才可以按照预先设计播放停止时机播放。

小结:音频是演示文稿中的一种特殊对象,采用链接或者嵌入的形式保存在演示文稿中,这种对象同样支持效果和计时选项,可以通过"动画"→"动画窗格"设置声音对象开始时间和停止时间。在放映带有声音文件的幻灯片前,要确认放映的计算机上安装有相应的播放器和声卡。

八、奥林匹克运动会的的版面设计

演示文稿的主题、框架和内容设计完毕后,进入美化阶段。应用主题可以方便地提升演示文稿的艺术效果,在进行幻灯片演示时将需要突出的重点设置动画效果,可以吸引观众的眼球从而达到最佳演示目的。

1. 主题与动画

主题是颜色、字体和效果三者的组合,可以作为一套独立的选择方案应用于文件中。Power Point 功能区中的"设计"选项卡中包括系统预置主题和修改主题中包含相关内容的一组按钮。

动画可美化演示文稿,它包括对象动画和幻灯片切换动画两类。对象动画主要是指给幻灯片上的文本或对象添加特殊视觉或声音效果。

对象动画的分类:

Power Point 中的对象动画效果共分为四类:

(1)进入

为对象或占位符添加进入幻灯片时所采用的动画效果,系统提供了基本型、细微型、温和型和华丽型四类动画。

(2)强调

当需要利用动画效果强调某些文字或对象时,使用该功能,常见的强调动画效果有放大/缩小、更改字号、改变颜色和渐变等,强调动画效果可以设置成与其他动画同时播放。

(3)退出

设置占位符或对象如何离开幻灯片,如百叶窗、飞出等。

(4)动作路径

动作路径是 PowerPoint 自 2003 版开始提供的功能,其主要作用是为对象添加按照预置路径或自定义路径运动的动画效果。

2. 动画的常用操作

(1)添加动画

选中对象后,单击"动画"选项卡,在"动画"选项组中可以选择系统提供的常用动画效果,单击下拉按钮,可按类别弹出动画效果选择对话框,设置动画效果。

单击"高级动画"组中的"添加动画"按钮,可为同一对象添加多种动画效果。

(2)设置动画选项

为带有文字的占位符添加动画效果后,单击"动画"选项组中的"效果选项"按钮,可选择动画播放的形式。单击"动画窗格"按钮可在专门的窗格中设置当前幻灯片上各种动画的播放时机、效果选项、计时和播放顺序等,如图 5-27 所示。

图 5－27　效果选项及动画窗格

3. 幻灯片切换

（1）切换效果

单击"切换到此幻灯片"组中的相应效果可设置当前幻灯片出现的动画类别,通过该组中的"效果选项"按钮设置切换动画的细节。切换效果是幻灯片之间的过渡动画,选中幻灯片后,使用功能区中的"切换"选项卡可以设置"细微"、"华丽"和"动态内容"三类的切换效果。

（2）计时

通过调整"计时"组中的选项还可以设置切换时播放声音、时机、应用到演示文稿中全部幻灯片和持续时间等属性。

4. 应用主题美化演示文稿

本案例的主要内容是为"奥林匹克运动"演示文稿应用主题进行美化。应用主题后的演示文稿示的部分幻灯片效果例如图 5－28 所示。

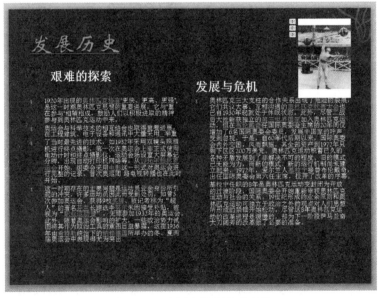

图 5－28　应用主题的演示文稿

案例分析：

图中的幻灯片应用了"凤舞九天"主题进行修饰，标题和内容文字的字体是黑体，应用主题后，文字颜色发生了相应更改。

操作方法如下：

(1)打开"奥林匹克运动.pptx"文稿，另存为"奥林匹克运动应用主题.pptx"。

(2)选择主题。

①选中功能区上的"设计"选项卡，单击"主题"组中的"其他"按钮，如图 5-29 所示。

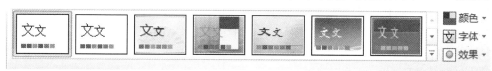

图 5-29　选择主题

②在弹出的列表框中选择"凤舞九天"。

当鼠标指针在主题上移动时，系统将在幻灯片窗格中直接预览主题效果；鼠标指针停留在某一主题上时系统将弹出标签显示主题名称。

③单击"字体"按钮右侧的下拉按钮，在弹出的列表中选择"Office 经典 2"。

(3)保存该演示文稿。

小结：主题可以比喻成演示文稿的衣服，可以快速改变演示文稿的外观，使其更加美观。主题中包括颜色、字体和效果三类选项，用户可以自由组合，以呈现不同效果。除可选择系统预设的大量颜色方案外，还可以单击"颜色"按钮右侧的下拉按钮，选择"新建主题颜色"可实现演示文稿中各种对象颜色的自定义。一般情况下，为使观众可以看清文字，制作过程中应选用较为粗犷的字体，如黑体等，同时，还要注意背景颜色与字体颜色的选择，使其对比相对明显。如果要在一个演示文稿中应用不同的主题，需要在演示文稿中新建母版，有关母版的相关知识将在后续章节介绍。

5. 为对象添加动画效果

本案例以为"发展历史"幻灯片添加动画效果为例，介绍为对象添加动画效果的方法，编辑状态如图 5-30 所示。

图 5-30　添加动画效果后的"发展历史"幻灯片

案例分析：

图示的幻灯片采用了进入、强调、路径和退出动画效果，而且同一时间中有多种动画效果播放，需要使用"添加动画"按钮为同一对象添加多种动画效果；从"动画窗格"中可看出，"内容占位符"动画先播放，带有文字的占位符按段落播放动画，每个动画的播放时间、效果及调整顺序。

操作方法如下：

(1)打开"奥林匹克运动.pptx"文稿，另存为"奥林匹克动画.pptx"。

(2)为图片添加动画效果。

①选中图片，切换至功能区中的"动画"选项卡。

②单击"动画"组中的"淡出"按钮。

③在选中图片的状态下，单击"添加动画"按钮右侧的下拉按钮，选择"其他动作路径"命令，在"添加动作路径"对话框中选择"基本"组中的"圆形扩展"；选中路径曲线，对其大小进行调整，旋转一定角度，预览动画，使其围绕幻灯片做椭圆运动。

在路径动画中，绿色箭头表示开始位置，红色箭头表示结束位置，动画过程中，PowerPoint先将对象移动至中心与箭头重合位置，再按路径运动。

④单击"添加动画"按钮右侧的下拉箭头，选择"退出"动画中的"缩放"，如图5-31所示。

图5-31　为图片添加退出动画

(3)为带有文字的占位符添加动画。

①选中带有文字的占位符，单击"动画"组中的下拉箭头，选择"强调"动画中的"波浪形"。

②单击"添加动画"按钮右侧的下拉按钮，选择"更多强调效果"命令，在"添加强调效果"对话框中选择"温和型"中的"彩色延伸"。

默认情况下，占位符中的文字以字母为单位运动，如果想以段落或者整体为单位，可以在"动画窗格"中单击该动画效果的下拉按钮，选择"效果选项"命令进行修改。

(4)制作叠加动画效果的文字。

调整动画播放顺序，使文字以段落为单位，在"波浪形"强调的同时，进行"彩色延伸"强调。

①展开"动画窗格"中隐藏的动画项目，按照段落，将"彩色延伸"动画拖动至"波浪形"动画之后，完成状态如图5-32所示。

②按住键盘上的【Ctrl】键，依次单击"彩色延伸"动画项目，单击右侧的下拉按钮，选择"从

上一项开始"命令。

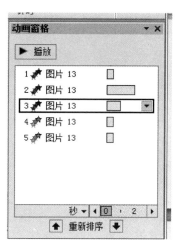

图 5-32　调整动画顺序

"从上一项开始"表示与上一动画同时播放,"从上一项之后开始"表示上一动画播放完毕后开始播放。

(5)添加"图片再次出现,文字同时退出"的动画效果。

①选中图片,添加"轮子"进入动画。

②选中文字占位符,添加"缩放"退出动画,设置为"从前一项开始"。

(6)完成其他幻灯片动画效果的添加。

(7)保存该演示文稿。

小结:PowerPoint 中的动画分为进入、强调、退出和路径四类,用户可以根据需要选择,四类动画可以相互叠加,叠加的关键步骤是选择动画的播放时机。用户可以在"动画窗格"中查看幻灯片上所有动画的列表。"动画窗格"显示有关动画效果的重要信息,如效果的类型、多个动画效果之间的相对顺序、受影响对象的名称以及效果的持续时间。多数动画都是从文本窗格上显示的顶层项目符号开始向下移动的,应用到 SmartArt 图形的动画与可应用到形状、文本或艺术字的动画有以下不同:

(1)形状之间的连接线通常与第二个形状相关联,且不将其单独地制成动画;

(2)如果将一段动画应用于 SmartArt 图形中的形状,动画将按形状出现的顺序进行播放。

九、设置幻灯片切换效果

本案例将以标题幻灯片切换效果为例,介绍幻灯片切换效果的添加方法。

为标题幻灯片添加"显示"切换动画,效果为"从左侧淡出",持续时间 4s,播放"照相机"声音。

案例分析:

"显示"动画属于"细微型"动画,持续时间和播放声音可以通过"计时"组设置。操作方法如下:

(1)打开"奥林匹克运动.pptx"文稿,另存为"奥林匹克运动切换效果.pptx"。

（2）设置幻灯片切换动画类别。

选中标题幻灯片，切换至"切换"选项卡，单击"切换到此幻灯片"组中的下拉按钮，在弹出的窗格中选择"显示"。

（3）设置切换选项。

单击"效果选项"按钮的下拉箭头，选择"从左侧淡出"。

（4）设置计时选项。

设置"声音"选项为"照相机"，"持续时间"为"4.00"，设置完毕的"切换"选项卡如图5-33所示。

（5）完成其他幻灯片切换效果设置，使每张的进入效果不同，保存演示文稿。

图5-33　切换选项卡

单击"全部应用"按钮，可将切换效果应用至演示文稿中的所有幻灯片。

十、制作奥林匹克运动会的目录幻灯片

幻灯片母版是幻灯片层次结构中的顶层幻灯片，用于存储有关演示文稿的主题和幻灯片版式的信息，包括背景、颜色、字体、效果、占位符大小和位置。各幻灯片版式派生于母版。母版体现了演示文稿的整体风格，包含了演示文稿中的共有信息。

每个演示文稿至少包含一个幻灯片母版。修改和使用幻灯片母版的主要优点是可以对演示文稿中的每张幻灯片（包括以后添加到演示文稿中的幻灯片）进行统一的样式更改。使用幻灯片母版时，由于无须在多张幻灯片上键入相同的信息，因此节省了时间。如果演示文稿包含的幻灯片页数较多，并且需要对同一版式幻灯片进行统一格式的更改，使用母版将大大提高效率。

动作设置是指单击或移动鼠标时完成的指定动作。在较长的演示文稿中往往使用目录，并在每页幻灯片上增加导航栏，来提高逻辑性，这种需求可以通过综合运用动作设置和母版来实现。

使用动作设置和链接：

使用动作设置和链接可以在同一演示文稿中跳转至不同的幻灯片，或者引入当前演示文稿外的其他文件。

1. 动作设置

PowerPoint中有两类动作，第一类是单击鼠标时完成指定动作，第二类是移动鼠标时完成指定动作。选中对象后，切换至"插入"选项卡，单击"动作设置"按钮，可以在弹出的"动作设置"对话框中完成动作设置。

2. 动作按钮

PowerPoint提供了专门用于动作设置的按钮，单击"形状"按钮的下拉按钮，可在列表的底端看到它们。单击相应功能的按钮后，在幻灯片上拖动即可完成按钮的添加，并自动弹出"动作设置"对话框。

3. 超链接

超链接可以实现在幻灯片上单击某一段文字或对象后转向其他文档或网站。选中对象后右击,在弹出的快捷菜单中选择"超链接"命令,弹出"插入超链接"对话框,完成具体选项设置。链接分为链接当前演示文稿中的幻灯片、演示文稿外的其他对象两大类。

4. 制作目录幻灯片

PowerPoint 的目录能更明晰地表达主题,使观众能够事先了解清楚演讲内容的框架,紧紧牵引着观众的思路,对协助他们了解将要演讲的内容是十分有利的。本案例将以"奥林匹克运动会"添加目录幻灯片为例,介绍使用动作设置创建链接的方法。将要制作的幻灯片如图5-34所示。

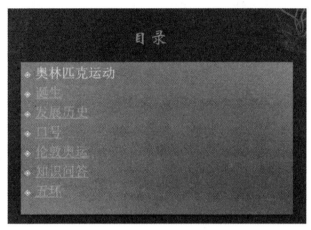

图 5-34　目录幻灯片示例

案例分析:

目录幻灯片其实是后续内容标题的列表,一般出现在标题幻灯片之后。PowerPoint 自2007 版开始不提供自动创建摘要幻灯片的功能,需要用户自己制作目录幻灯片列表,因此,需要在标题幻灯片后插入一张"标题和内容"版式的幻灯片,然后根据设计的内容框架,将后续幻灯片的相关标题粘贴到内容占位符中。选中目录幻灯片中相应的文字,然后通过"动作设置"或者"超链接"功能,设置链接属性,使之链接到相应的幻灯片,可使展示较为灵活。

操作方法如下:

(1)打开"奥林匹克运动.pptx"文稿,另存为"奥林匹克运动目录.pptx"。

(2)新建幻灯片。

①选中第一张幻灯片即标题幻灯片,切换至"开始"选项卡。

②单击"新建幻灯片"按钮的下拉按钮,选择"标题和内容"版式的幻灯片。

(3)完成目录文字内容。

①在"标题"占位符中输入"目录"。

②根据演示文稿的内容框架,依次将后续幻灯片的一级标题粘贴至内容占位符中。

在"大纲"选项卡下,选中所有内容右击,在弹出的快捷菜单中选择"折叠"→"全部折叠"命令后,复制所有的一级标题,然后粘贴至文本占位符中,对多余内容进行删除可提高操作效率。

(4)选中文字设置链接。

动作设置和超链接都能够实现此要求,这里建议用户使用动作设置功能,操作相对简单,并且避免因绝对和相对路径而产生的问题。

①选中"简介"文字,切换至"插入"选项卡,单击"动作"按钮。

②在"动作设置"对话框中,切换至"单击鼠标"选项卡,选中"超链接到"单选按钮。

③在下拉列表框中选择"幻灯片"选项,如图5-35所示。

在弹出的"超链接到幻灯片"对话框中选中"简介"后,单击"确定"按钮,如图5-36所示。

按上述方法,完成其他文字链接的设置。

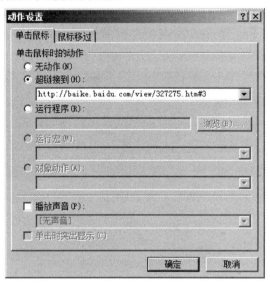

图5-35 设置超链接

图5-36 选择需要链接到的幻灯片

当使用"动作设置"或者"超链接"功能链接到其他文件时,建议用户将链接到的文件与演示文稿文件放置在同一文件夹下,以保证转移至其他电脑上时运行正常。

小结:链接是在PowerPoint中经常使用的技术,在操作过程中按照"先选中再设置"的步骤进行。需要注意链接地址的路径问题,尽量使用相对路径,如果在链接地址中见到类似于"C:\××\××\××"的内容,则使用的是绝对路径,如果将目标文件更换位置链接将失效。

5.更改链接颜色

本案例的主要内容是使链接文字显示得更为清晰。

案例分析:

链接颜色属于主题配色中的一种,因此可以通过更改当前主题的颜色实现链接文字颜色改变。

操作方法如下：

(1)接着上面的文件，另存为"更改链接颜色.pptx"。

(2)新建主题颜色。

①切换至"设计"选项卡，单击"颜色"旁的下拉按钮。

②选择"新建主题颜色"命令，在如图 5-37 所示的对话框中更改链接颜色。

图 5-37　更改链接颜色

(3)将颜色更改妥当后，保存该演示文稿。

小结：主题包含了演示文稿中各类元素的颜色信息，对于超链接的颜色，只能通过"颜色"修改，在设置配色方案的过程中要兼顾背景、文字和链接颜色，使观众可以看清演示内容。如果在一个演示文稿中应用两种或两种以上的主题颜色，则需要新建母版。

6.使用动作按钮

较长的演示文稿需要添加目录幻灯片提高逻辑性，在内容幻灯片上增加导航工具栏，不但可以使演示者与观众互动时，方便切换至话题所在幻灯片，而且方便观众自行浏览幻灯片。导航工具栏一般由"目录"、"上一页"、"下一页"、"最后一页"和"结束放映"按钮构成。

案例分析：

导航工具栏是一组动作按钮的集合，一般情况下出现在每张内容幻灯片的下方，这些动作按钮均链接到当前演示文稿中。需要为大部分幻灯片增加导航工具栏，而当前演示文稿正文幻灯片大都采用相同的母版，因此，对母版进行编辑，是一种事半功倍的方法。本案例中目录幻灯片与内容幻灯片采用相同的母版，可在添加导航工具栏后对目录幻灯片进行单独处理。

操作方法如下：

(1)打开"奥林匹克运动.pptx"文稿，另存为"奥林匹克运动—动作按钮.pptx"。

(2)为除标题幻灯片的所有幻灯片添加导航工具栏。

①选中第一张正文幻灯片，选择"视图"→"幻灯片母版"命令切换至母版视图，选中内容幻灯片母版，选中"页脚区"占位符，按【Delete】键将其删除。

②切换至"插入"选项卡，单击"形状"按钮的下拉按钮，选中"动作按钮"组中的"第一张"，

按住鼠标左键,在母版幻灯片原页脚区域绘制大小恰当的图形,松开鼠标左键后系统将自动弹出"动作设置"对话框,首先在该对话框中,选中"幻灯片"列表项,然后在"超链接到幻灯片"对话框中选择目录所在幻灯片,依次确定返回母版幻灯片编辑状态,如图5-38所示。

图5-38 添加导航按钮

③按上述方法,添加与"第一张"按钮相同大小的"后退或前一项"、"前进或后一项"和"结束"按钮,并进行相应的动作设置。

④选择"自选图形"→"动作按钮"→"自定义"命令,绘制与前几项相同大小的按钮,设置动作"结束放映";选中"自定义"按钮右击,在弹出的快捷菜单中选择"添加文本"命令,输入"X"作为按钮上显示的文字,并设置字体、字号和文字颜色等属性,使其与其他按钮协调,完成状态如图5-39所示。

图5-39 完成状态

单击"视图"选项卡中上的"普通视图按钮,可发现与目录幻灯片版式不同的幻灯片上未出现导航栏。

⑤再次切换至幻灯片母版视图,将前一步制作的导航栏复制到其他版式母版的页脚区。

⑥放映演示文稿,测试导航工具栏。

(3)去掉目录幻灯片上的导航工具栏。

因"目录"幻灯片与其他的内容幻灯片采用相同的母版,故删除该幻灯片上导航工具栏最简单的方法就是为其指定其他母版。

①选中"目录"幻灯片,切换至"视图"选项卡,单击"幻灯片母版"按钮,在左侧的"母版幻灯片缩略图"窗格中,首先选中当前幻灯片所基于的母版右击,在弹出的快捷菜单中,选择"复制版式"命令,然后,在缩略图窗格底部右击,在弹出的快捷菜单中选择"粘贴"命令,删除母版副本上的导航工具栏,如图5-40所示。

②关闭母版视图,返回普通编辑状态,选中"目录"幻灯片,切换至"开始"选项卡,单击"版

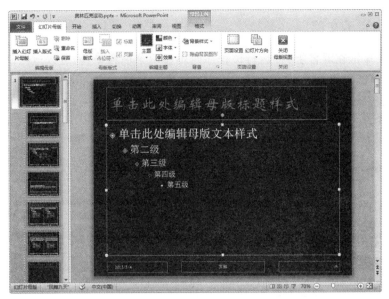

图 5-40　复制母版幻灯片

式"按钮右侧的下拉按钮,设置"目录"幻灯片使用新版式,如图 5-41 所示。

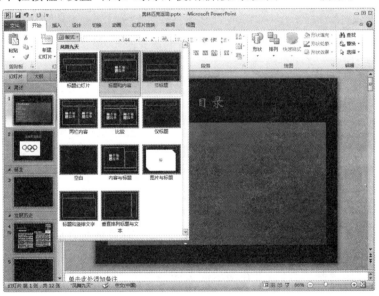

图 5-41　应用修改后的母版

小结:PowerPoint 自 2003 版本开始支持在同一演示文稿中使用多个母版,一定要区分母版和幻灯片版式。母版是所有幻灯片所具有的共同版式,包括占位符的位置及各占位符中使用的字体、字号颜色等信息。幻灯片母版分为两大类,即标题幻灯片母版和非标题幻灯片母版,当需要在多张类似版式的幻灯片上增加相同的元素时使用。常见的应用情景除了本案例中的导航工具栏外,还有类似幻灯片采用相同动画效果或在所有幻灯片上添加公司标识等。主题预置了一组信息,一般情况下,一个主题中包含其所基于的母版、颜色和效果等信息。

十一、放映演示文稿

幻灯片放映显示在屏幕上,在运行该程序时不显示菜单和工具,可以运用画笔等工具随时在屏幕上标注,强调重点。另外,PowerPoint 还提供"广播幻灯片"及"打包成 CD"功能,帮助用户在没有安装 PowerPoint 的电脑上显示演示文稿。

1. 设置放映方式

PowerPoint 提供三种不同的放映方式,可以通过选择"幻灯片放映"→"设置放映方式"命令打开"设置放映方式"对话框实现设置,如图 5-42 所示。

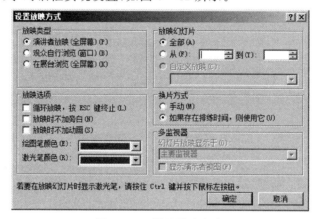

图 5-42　设置放映方式

(1)演讲者放映(全屏幕)

为现场观众播放,演示速度由演讲者设置。

(2)观众自行浏览(窗口)

为网站或内部网络设置,观众通过各自的计算机来观看演示文稿。

(3)在展台浏览(全屏幕)

自动循环放映幻灯片。

(4)循环放映

演示文稿循环放映,直到有人按【Esc】键终止。之后需要重新启动演示文稿。

(5)放映时不加旁白

如果为演示文稿录制了旁白,可在演示时关闭播放旁白,以节省内存。

(6)放映时不加动画

放映演示文稿,但不显示任何动画效果,以缩短放映演示文稿的时间。

(7)绘图笔颜色

选择绘图笔的颜色,演讲者可以在演示过程中用绘图笔来圈定、加下画线或强调某些内容。

(8)放映幻灯片

选择当前演示文稿要放映的幻灯片数。

(9)换片方式

确定幻灯片的换片方式。

（10）多监视器

设置演示文稿是否将在多个监视器上播放，如放置在会议室中多个位置的监视器。

（11）幻灯片放映分辨率。

改变用于播放演示文稿的分辨率（像素）。在音频视频设备不是很先进时，这一选项很方便。

2. 自动循环放映演示文稿

在大型展会等宣传活动中，需要使用自动循环播放演示文稿，协助主办方为参加者提供多方位多角度的服务。

案例分析：

这种放映方式属于"展台浏览（全屏幕）"放映类型。

自动循环放映需要指定幻灯片切换间隔时间或者排练计时。

操作方法如下：

（1）打开"奥林匹克运动.pptx"文稿，另存为"奥林匹克运动－自动循环放映.pptx"。

（2）让整个演示文稿可以自动循环放映。

演示文稿自动循环放映，属于"在展台浏览"放映类型，当演示文稿中包含动画效果时，需要使用排练计时或者直接指定幻灯片自动切换时间。

①设置幻灯片自动切换时间：一般情况下，用户通过单击或者空格键播放动画，在自动放映方式下，可以通过设置幻灯片的切换时间实现自动播放动画和幻灯片切换。

单击"切换"选项卡，在"计时"组中可以设置每张幻灯片的自动切换时间。

②使用排练计时：用户可以使用该项功能，通过预演的形式来自动设置保存幻灯片切换时间，以保证在自动放映方式下达到最佳演示效果。

选择"幻灯片放映"→"排练计时"命令，演示文稿将从第一页幻灯片开始放映，并且显示"预演"工具栏，记录每一动画和幻灯片切换的时间，预演完毕后，用户可选择是否保留排练计时供自动换片时使用。

在"幻灯片浏览"视图下，显示每页幻灯片的缩略图，同时在缩略图下方显示每页幻灯片的播放时间，方便用户从全局角度了解和设置播放选项。

（3）将放映方式设置为"在展台浏览"，放映该演示文稿。

小结：

可以根据放映场合来设置幻灯片的放映类型，排练计时是 PowerPoint 设置幻灯片切换时间间隔的一种方式。

音频和视频文件的相关操作不会被排练计时功能记录，所以需要通过"动画窗格"设置声音和视频文件的播放时间。

在自动放映状态下，如果单击或者按空格等键，自动放映自动取消，切换回手动换片形式。

使用"在展台浏览"放映方式时，演讲者最好在展台附近随时进行讲解，以保证观众能够明确其主要目的和意图。

3. 放映幻灯片

开始幻灯片放映之后，放映视图左下角的工具栏，可用于在演示文稿中导航，或在放映过程中为某一幻灯片添加注释。

"导航"栏本身就设计的不太清楚，在某些背景色下，难以辨认，所以在演示之前需要提前练习。

"注释"功能可以在幻灯片放映过程中使用,如同在高射投影上使用记号笔。这些标记只在幻灯片放映过程中显示,而不会添加到幻灯片上。用户可以使用"橡皮擦"工具或按【E】键(橡皮擦)从幻灯片上将这些标记清除。

箭头(即标准鼠标指针)可用于指出某张幻灯片上的某些方面。在演示过程中,箭头可以隐藏,也可以一直显示。

有三种注释选择:圆珠笔(细)、毡头笔(较粗)和荧光笔(更粗、半透明)。用户可以选择使用记号笔或箭头,也可改变记号笔标记的颜色,还可以在开始幻灯片放映之前确定记号笔的颜色,记住,要选择一个适合幻灯片背景色的笔色。

在幻灯片播放过程中,激活记号笔之后如果要关闭该功能,有以下方法可供选择:

(1)单击按钮,然后选择"箭头"选项;或者也可以单击另一种记号笔选项。

(2)按【Ctrl+A】组合键关闭记号笔,然后按【Ctrl+P】组合键打开记号笔。

提示:

(1)幻灯片放映技巧

按【F5】键可以从头放映幻灯片;单击窗口左下角的按钮可以从当前幻灯片开始播放;在放映过程中可以使用键盘上的空格键和【PageDown】键代替单击鼠标左键,向后翻页或者播放动画;使用键盘上的【Backspace】键和【PageUp】键可向前翻页或者后退到前一项;放映过程中按【B】键可以实现黑屏,按【W】键可实现白屏;任何状态下均可按键盘上的【Esc】键结束放映返回编辑状态。

演讲者可以使用专门的演示工具进行翻页和绘图等操作,这样演讲者可以直接面向观众而不是只面向自己的计算机屏幕。

(2)使用多个显示器

PowerPoint 支持多显示器,可以通过计算机操作系统设计在不同显示器上使用不同分辨率,并且能够实现在演讲者使用的计算机上显示备注。

(3)打包成 CD

当演讲者不确认演示用机是否安装有专门的演示软件和软件版本时,可以使用打包成CD 功能,并将播放器集成在 CD 中。

(4)幻灯片备注

简单地说,幻灯片备注就是用来对幻灯片中的内容进行解释、说明或补充的材料,便于演讲者讲演或修改。备注中不仅可以输入文本,而且还可以插入多媒体文件。

4. 将演示文稿打包成 CD

"打包成 CD"功能允许用户将一个或者多个演示文稿放入一张独立的 CD 中。该 CD 一般情况下包含一个 PowerPoint 播放器和支持演示文稿所有文件。这意味着用户可以将多媒体的产品信息发送给客户,或者将培训资料发送给分支机构的员工,并且,即使他们没有安装PowerPoint 也可以观看光盘中的演示文稿。

操作方法如下:

(1)打开"奥林匹克运动.pptx"文稿。

(2)使用打包成 CD 功能将该演示文稿和所属素材整理到一个文件夹中。

打包演示文稿的方法是:打开演示文稿,选择"文件"→"保存并发送"→"将演示文稿打包成 CD"命令。

演示文稿中加入的元素越多,其容量就越大。当向"包"中添加 PowerPoint 播放器时,文件的总计大小将会非常大,或者与系统文件联系结构复杂。传输这种演示文稿的一个简单的方法是确认与演示文稿相联系的所有文件,整个演示文稿带有播放器以及容纳播放器和演示文稿的 CD 至少要有 650 MB 空间。在"打包成 CD"对话框中,单击"选项"按钮,弹出"选项"对话框,可设置是否包含播放器和演示文稿所链接的文件等信息,如图 5 - 43 所示。

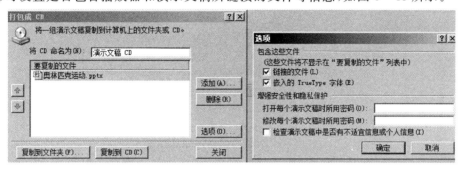

图 5 - 43　"打包成 CD"对话框

完成选项设置后,单击"复制到文件夹"按钮可将打包文件存储在指定的文件中,单击"复制到 CD"按钮,将文件刻录到光盘上。如果演示内容安全级别较高,可选择检测不适宜信息或个人信息及设置密码。

小结:使用"打包成 CD"功能可以将演示文稿连同其附属文件传递给他人,打包过程中可以集成 PowerPoint 播放器,可以保证在没有安装 PowerPoint 的机器上播放。目前,移动存储设备的价格越来越低廉,使用其中的打包到文件夹功能,将文件夹复制至闪存盘等移动存储设备上既能满足需要,又能节约资源。

PowerPoint 2010 提供"广播放映幻灯片"功能,演示者可以在任意位置通过 Web 与任何人共享幻灯片放映。用户要向访问群体发送链接(URL),之后,邀请的每个人都可以在浏览器中观看幻灯片放映的同步视图。单击"幻灯片放映"窗格中的"广播放映幻灯片"按钮,可通过向导实现。

如果使用"广播放映幻灯片"功能,用户需事先申请 Windows Live 账号。

十二、实践操作

1.利用互联网搜索素材,制作演示文稿,具体要求如下:

(1)选择主题与时俱进,是近期的热点问题。

(2)演示文稿包括标题幻灯片、目录、内容和总结四大部分。

(3)标题幻灯片采用与其他幻灯片不同的背景,并且具有自动循环播放的元素。

(4)目录采用个性化项目符号,并且直接链接至每一部分的幻灯片;主题合理,并且在一个演示文稿中应用两种以上颜色方案;各种类型的文字都能清晰显示。

(5)内容幻灯片上放置个性化的标志,风格统一,底部放置导航栏,可以方便地转到邻近的幻灯片、返回目录和结束放映。

(6)整个演示文稿具有跨幻灯片播放的背景音乐和视频文件。

（7）演示文稿图形、图片和 SmartArt 插图相结合。

（8）具有路径、进入和退出等多种动画效果。

（9）将整个演示文稿的放映方式设置为观众自行浏览。

（10）使用打包成 CD 功能，将演示文稿复制到文件夹中。

2.新建一个演示文稿，在该演示文稿中制作"闪烁星空"动画效果。

3.制作以汽车宣传为主题的演示文稿，演示文稿中包括标题幻灯片及带有轮子旋转动画效果的汽车图片幻灯片。

模块六　常用工具软件

知识目标

通过对本章的学习,读者将学会用压缩软件、图像浏览软件、播放软件、下载软件以及其他一些常用工具的使用方法,并使读者能够做到举一反三,善于利用网络和软件的帮助文档进一步了解更多的其他软件的使用方法。

技能目标

工具软件是指在操作系统下执行的应用程序,它可提供实用、便捷、各式各样的功能,满足人们不同的需要,使用工具软件可以使用户操作更简单、功能更强大、效率更高。

素质目标

1.加强学生自主学习探索学习的意识;

2.培养学生创新意识。

任务一　光影魔术手

光影魔术手是一款可以改善图像画质并能进行个性化处理的软件。它简单易用,除了具有图像的基本处理功能外,还可以制作精美相框、艺术照、台历、专业胶片等效果,让每一位用户都能快速地制作出漂亮的图片效果。本节将以光影魔术手 1.1 版本为例来介绍其使用方法。

光影魔术手具备的基本功能和独特之处有许多,主要包括:反转片效果、反转片负冲、黑白效果、数码补光、人像褪黄、组合图制作、高 ISO 去噪、柔光镜、人像美容、影楼风格人像、包围曝光三合一、冲印排版、自动白平衡、严重白平衡错误校正、褪色旧相、黄色滤镜、负片效果、晚霞渲染、夜景抑噪、死点修补、自动曝光、红饱和衰减、LOMO 和色阶、曲线、通道混合器等。

其他调整包括:锐化、模糊、噪点、亮度、对比度、gamma 调整、反色、去色、RGB 色调调整等。

其他操作包括:任意缩放、自由旋转、裁剪、自动动作、批量处理、文字签名、图片签名、轻松边框和花样边框等。

1.打开要处理的图片

(1)启动光影魔术手,进入其操作界面,如图 6－1 所示。

(2)单击工具栏中的 ⟳ 旋转 按钮,弹出"打开"对话框,如图 6－2 所示。

(3)选择要打开的图片后,单击"打开"按钮,在光影魔术手中打开图片。

2.旋转图片

(1)单击工具栏中的 ⬏ 按钮,弹出"旋转"对话框,如图 6－3 所示。

(2)单击 ⟳ 任意角度 按钮,打开"自由旋转"窗口,如图 6－4 所示。

单击图 6－3 中的按钮后的效果如图 6－5 所示。

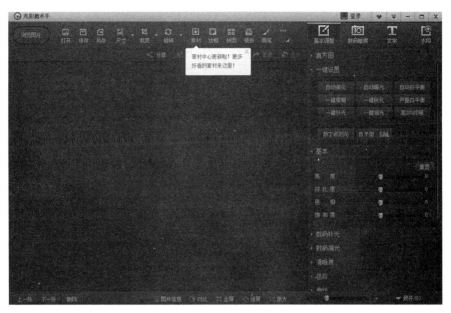

图 6 - 1　光影魔术手的界面

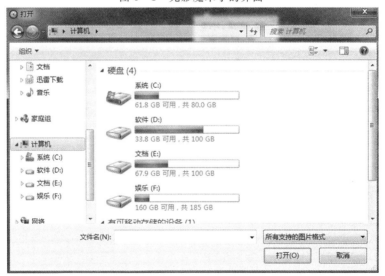

图 6 - 2　"打开"对话框

图 6 - 3　"打开"对话框

图 6-4　"自由旋转"窗口

左右镜像旋转前　　　　　　　　　　左右镜像旋转后

图 6-5　左右镜像旋转后的图片对比

（3）将鼠标光标移动到左边的图片显示区域，将会出现以鼠标光标落点处为交点且垂直相交的两条参考线，以帮助用户确定水平和垂直的角度，如图 6-6 所示。

（4）在参考线的交点处按住鼠标左键不放，拖拽鼠标光标绘制一条旋转辅助线，此时软件会将旋转的角度自动计算出来，显示在"自由旋转"窗口右上角的"旋转角度"文本框中，如图6-7所示。

绘制的辅助线就是光影魔术手旋转图片时所参考的水平线。

（5）可预览旋转效果，如图 6-8 所示。

（6）单击工具栏中的■按钮，保存修改后的图片，如图 6-9 所示。

3. 抠图

抠图，简单来说就是将一张照片中除主体以外的所有背景全部去掉，而它的最主要用途就是为照片人物更换背景。

（1）准备一幅棱角比较分明的图像，打开它。

（2）在系统任务栏上执行"开始"→"程序"→"光影魔术手"命令，或双击桌面上的光影魔术

图 6-6 坐标定位

图 6-7 绘制旋转辅助线

图 6-8 预览旋转效果

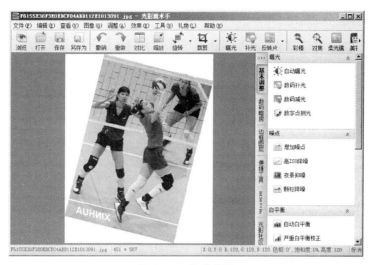

图 6－9　完成旋转

手图标,启动光影魔术手,并打开需处理的图片。

(3)在主菜单中选择"图像"→"裁切/抠图"或者按【Ctrl＋T】组合键,进入"裁剪"对话框。

(4)选择右边套索工具,单击左键后选择你所要的画面。

(5)然后选择"裁剪"面板上的"去背景"工具,如图 6－10 所示。

图 6－10　"去背景"设置对话框

(6)设置好"去背景的方法"、"边缘柔化参数"、"填充的颜色"后,单击"预览"按钮进行预览。

去背景的方法有两种,一种方法是"颜色填充",背景填充其他任何颜色;另一种方法是"模糊虚化",把背景模糊掉,就像高手摄影师的摄影作品。

(7)感觉效果满意后,单击"确定"按钮完成任务,效果图如图 6－11 所示。

4. 制作水彩画

(1)打开一张比较适合水彩画风格的风景或者人物照片,先缩小到 1024×768 以下。

图 6-11　效果图

(2)选择菜单中的"效果"→"降噪"→"颗粒降噪"功能,如图 6-12 所示,这个功能有两个参数,第一个"阈值"参数设置为 255,这样,全图都会变得模糊,第二个"数量"参数可以是 3～5 之间。

图 6-12　颗粒降噪图

(3)如果觉得太模糊,利用"编辑"菜单中的"效果消褪"功能,如图 6-13 所示,对刚才的效果进行一些消褪的处理。

消褪的参数可以一边调整一边观察,设置在 20～40 之间比较适合,随个人喜好而定。

(4)给照片加点底纹。选择菜单"效果"→"风格化"→"纹理化",把"纹理类型"设置为"画布",其他的参数不用调整。单击工具栏上的"曝光",让其自动调整明暗。

(5)选择"工具"→"花样边框",如图 6-14 所示,给图像加一个邮票一样的边框,完成后效果如图 6-15 所示。

图 6-13 效果消褪图

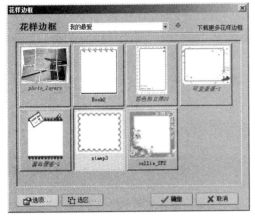

图 6-14 "花样边框"对话框

图 6-15 完成后效果

5. 解决数码照片的曝光问题

使用数码相机拍摄照片时,经常会因为天气、时间、光线、技术等原因而使拍摄的照片存在过亮、过黑或者没有对比度、层次和暗部细节等缺陷,这就是常说的拍摄时的曝光不足和曝光过度。光影魔术手提供的自动曝光、数码补光和白平衡等功能可以解决拍摄时出现的曝光问题。本例将以处理部分区域曝光不足的照片为例,让用户掌握使用光影魔术手解决数码拍摄问题的方法和技巧。

(1)打开需要处理的图片

启动光影魔术手,打开要处理的照片,如图 6-16 所示。

图 6-16 打开曝光不足的照片

(2)选择数码补光功能

①单击工具栏中的 旋转 按钮,软件将自动提高暗部的亮度,同时,亮部的画质不受影响,效果如图 6-17 所示。

图 6-17 第一次补光后的效果

②再单击 按钮两次,添加补光效果,最终效果如图 6-18 所示。

图 6-18 第二次补光后的效果

任务二 GIF Animator

GIF 是图像互换格式,分为静态 GIF 和动画 GIF 两种,支持透明背景图像,适用于多种操作系统。动态的 GIF 是一种最简单的动画,它在文件中存放多幅彩色图像,使这些图像数据逐幅读出并显示到屏幕上。常用的软件有 ImageReady、Fireworks 和 GIF Animator。

GIF Animator 是一款专门的 gif 动画制作程序,内建的 Plugin 有许多现成的特效可以立即套用,可将 AVI 文件转成动画 GIF 文件,而且还能将动画 GIF 图片最佳化。下面以该软件介绍 GIF 动画的制作。

打开 GIF Animator 软件,主界面如图 6－19 所示。

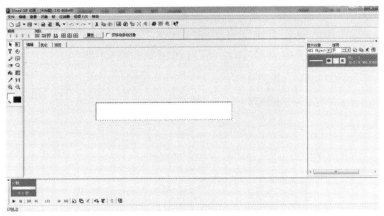

图 6－19　GIF Animator 主界面

一、文字效果

(1)导入图片。执行"文件"→"打开图像",然后选择一张图片作为背景。

(2)添加文字。执行"帧"→"添加条幅文本",弹出如图 6－20 所示的对话框。在"文本框"中输入汉字并选定字体、颜色和大小。

图 6－20　添加文本条

(3)添加文字效果。在图 6－20 所示的对话框中,打开"效果"选项卡。在"进入场景"和"退出场景"中选择动画效果,进入和退出的"画面帧"可以根据需要进行设置。

(4)画面帧控制。在图 6－20 所示的对话框中,点击"画面帧控制"选项卡。设置"延迟时间",并在"分配到画面帧"前打上勾。

(5)文件保存。设置完成后,点击"开始预览"进行效果预览,满意后点击"确定",选择"创建为文本条"。回到主界面,执行"文件"→"保存",命名后选择存放路径保存源文件。然后执行"文件"→"另存为"→"GIF 文件",将文件保存为 GIF 文件格式的图片。

二、让画动起来

(1)图像收集。"让画动起来",即将几幅图像做成动态显示的效果。因此把需要用到的图像放在一个文件夹中以方便查找使用。

(2)导入第一幅图像。首先新建空白文件后,执行"文件"→"打开图像",选择第一幅图像。

(3)添加帧。在"帧面板"中点击"添加帧"按钮,如图 6-21 所示。

图 6-21　添加帧

(4)添加第二幅图像。执行"文件"→"添加图像"命令,选择第二幅图像插入。重复步骤(3)和该步骤将第三幅图像插入。

修改"延迟时间"。点击"帧面板"中的第一幅画,右击鼠标,在弹出的下拉菜单中选择"画面帧属性",修改"延迟的时间"后确定。用同样的方法修改第二和第三幅图像的"延迟时间"。

(5)保存文件。设置完成后,点击"帧面板"的"动画播放"按钮进行预览直至满意为止。然后执行"文件"→"保存",命名后选择存放路径保存源文件。再执行"文件"→"另存为"→"GIF 文件",将文件保存为 GIF 文件格式的图片。

三、图像变化

(1)导入图片。执行"文件"→"打开图像",然后选择需要做变化的图像。

(2)点击"视频 F/X",下拉菜单从"3D"到"Wipe"都是动画类型,如图 6-22 所示。用户可以根据需要选择各种动画类型组合成自己喜欢的形式。选择动画类型后,在弹出的对话框中设置"画面帧"和"延迟时间"后确定。最后另存为文件即可。

图 6-22　"视频 F/X"下拉菜单

四、飘雪效果

(1)导入图片。执行"文件"→"打开图像",然后选择一张图像作为背景。

(2)添加文本条。执行"帧"→"添加条幅文本",在弹出的对话框中的"文本框"输入若干个

"＊"表示雪花,并将这些"雪花"拖到图片最顶端,如图 6-23 所示。

(3)添加效果。在图 6-23 所示的对话框中,点击"效果"选项卡。在"进入场景"中选择"底部滚动",画面帧为"8"。在"退出场景"中选择"拖动",画面帧为"40",如图 6-24 所示。

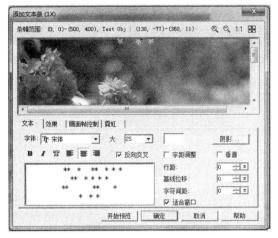

图 6-23 添加文本条

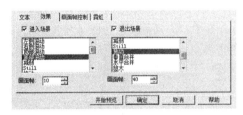

图 6-24 添加效果

(4)文件保存。设置完成后,点击"开始预览"进行效果预览,满意后点击"确定",选择"创建为文本条"。执行"文件"→"保存"命令,命名后选择存放路径保存源文件。再执行"文件"→"另存为"→"GIF 文件"命令,将文件保存为 GIF 文件格式的图片。

任务三　格式工厂

目前,常用的音频编辑处理软件有 Adobe Audition、Sound Forge、GoldWave 等,除此之外还有一些用于特殊用途的音频软件。例如:TextAloud MP3 用来抓取程序中的声音;Blue-Voice. CN 可以将文字转化成语音;Easy CD-DA Extractor Professional 不仅可以进行音乐 CD 的抓取,还可以进行格式转换和光盘刻录;IBM ViaVoice Pro 9.1 是语音识别输入系统等。

一、音频格式的转换

音频素材的格式多种多样,在利用这些音频素材进行教学资源开发时,由于有的教学资源开发工具不支持一些音频文件格式,因此需要对音频文件进行格式转换。音频格式转换的软件很多,常见的有 GoldWave、格式工厂、全能音频转换通和 MP3 音频格式转换器等。

格式工厂是一套万能的多媒体格式转换软件,既可以对音频、视频进行格式转换,也可以对图片进行格式转换。它可以抓取 DVD 到视频文件,也可以抓取音乐 CD 到音频文件。因此只要安装了格式工厂就无需再去安装其他转换软件了。

下面就以格式工厂为例,简单介绍音频素材的格式转换过程。

(1)打开格式工厂软件,主界面如图 6-25 所示。

图 6-25　格式工厂主界面

(2)在左侧的功能菜单中根据需要选择转化成的音频格式。下面以 MP3 格式的音频转化为 WMA 格式的音频为例。如图 6-26 所示,在功能菜单中选择"所有转到 WMA",在弹出的对话框中,点击"添加文件"把需要转化的音频文件导入,如图 6-27 所示。

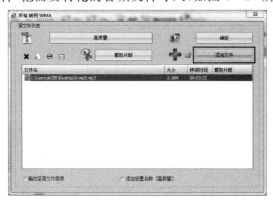

图 6-26　在功能菜单选择要转成的格式

(3)点击如图 6-27 所示界面上的"高质量"按钮,在弹出的对话框中对音频的质量进行设置,如图 6-28 所示。

(4)如果只想简单转换视频格式,直接点击图 6-27 右上角的"确定",就可以返回格式工厂。

二、音频的编辑

Adobe Audition 是一个专业音频编辑和混合平台,支持音频混合、编辑、控制和效果处理等功能,适合于声音和影视专业人员使用。该软件最多可混合 128 个声道,可编辑单个音频文件,创建回路并可使用 45 种以上的数字信号处理效果。本小节将以"我爱我的祖国"为主题制作配乐朗诵,详细介绍 Adobe Audition 的基本操作。

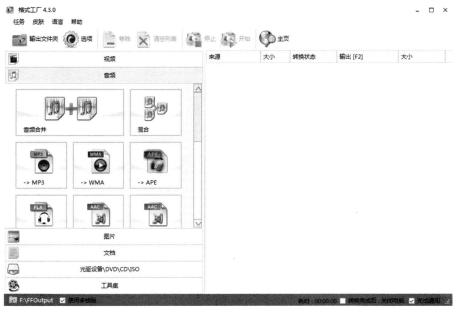

图 6-27　添加文件

图 6-28　音频设置

1. Audition 界面介绍

Adobe Audition 界面由菜单栏、工具栏、文件效果器列表栏、音轨属性面板、基本功能区、电平显示区等部分组成,如图 6-29 所示。

工具栏的左侧有三个工程模式按钮,分别为单轨编辑模式、多轨混录模式和 CD 编辑模式。三种模式下所对应的工具会有所变化。工具栏的右侧还有另外四个按钮。其中,为混合工具,通常使用于多轨混录模式下,单击鼠标可以实现选中剪辑、选择音频范围等功能,右击可以实现音频剪辑的移动等功能;为时间选择工具,以时间为单位进行音频范围的选择,按住鼠标左键并左右拖拽即可选中音频范围;为移动/复制剪辑工具,通常也使用于多轨混录模式下,可以将多轨文件中的音频剪辑位置进行移动,按住鼠标左键并拖拽即可实现对音频剪辑位置的移动。为刷选工具,可以自由地控制音频播放的速度,按住鼠标左键并拖拽可以播放音频,如果按住鼠标左键并不断拖拽变更鼠标位置可制作出 DJ 搓碟的效果。

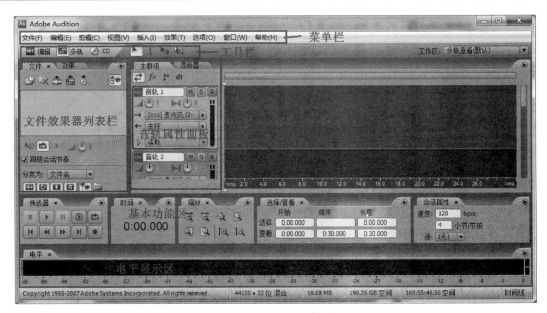

图 6 - 29　Audition 主界面

2. 新建会话

执行"文件"→"新建对话"命令,在弹出的对话框中设置"采样率"(选择默认的 44100,因为大多数网络下载的伴奏都是 44100 Hz 的,采样率越高精度越高,细节表现也就越丰富,相对文件也就越大)、"通道"(立体声)和分辨率(16 位),然后单击确定即可新建一个空白会话。最后执行"文件"→"保存会话"命令,以"我爱我的祖国"命名保存,保存的会话后缀名为". ses"。

3. 录音

(1)麦克风调试。使用麦克风进行"我爱我的祖国"朗诵录音。录音之前先对麦克风进行调试,以确保麦克风能录制外部声音。在 Windows 7 系统中,右击任务栏的标志,然后选择"声音",弹出如图 6 - 30 所示的对话框。打开"录制"选项卡,选择"麦克风",点击右下角的"设为默认值",然后选中麦克风,单击右下角的"属性"按钮,弹出如图 6 - 31 所示的对话框。在"级别"选项卡中将麦克风的音量调至最大,将"麦克风加强"音量调至合适大小。

(2)正式录音。麦克风调试成功后,开始正式录音。在音轨 1 上单击点亮键,然后在"基本功能区"的"传送器"面板上,点击录音按钮即可开始朗诵诗歌进行录音。中断或停止录音再按一次录音键。在录制的过程中,一条垂直线从左至右移动,指示录音的进程,如图 6 - 32 所示。录音结束后,点击"传送器"面板上的"播放"按钮试听录音效果,若满意则对会话进行保存以免数据丢失。

4. 声音编辑

(1)插入背景音乐。朗诵录音完成后,插入伴奏音乐。进入多轨编辑模式,选中"音轨 2",执行"插入"→"音频",在弹出的对话框中选择要插入的背景音乐。

(2)消除人声。下载的背景音乐中有人声,因此接下来就进行消除人声处理。双击第 2 音轨进入音频编辑模式,执行"效果"→"立体声声像"→"吸取中置通道",然后弹出如图 6 - 33 所示的对话框,在"预设效果"中选择"Karaoke(Drop Vocals 20db)","频率范围"选择"男声",确定即可。

图 6 - 31　"录制"选项卡

图 6 - 31　麦克风属性中的"级别"选项卡

图 6 - 32　录音

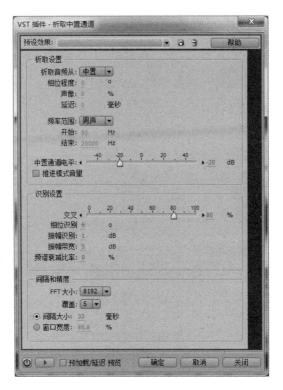

图 6-33　消除人声

（3）音量调节。消除人声后，试听背景音乐，发现朗诵的声音被背景音乐盖住了。此时我们可以将朗诵的音量增大（或将背景音乐降低音量）。双击音轨 1，进入到音频编辑模式，然后选择"效果"→"振幅和压限"→"放大"，弹出如图 6-34 所示的对话框，在预设效果下拉菜单中选择"+6dB Boost"后确定，再试听效果直到满意为止。

图 6-34　音量调节

（4）音频的切割。消除人声后，再试听背景音乐，背景音乐的前奏较长，需要进行切割。首先，选择"时间选择工具"，在轨道上按住鼠标左键不放，拖动鼠标选择轨道上前奏音频，如图 6-35 所示。然后按住鼠标左键，在弹出的快捷菜单中选择"删除"或"剪切"即可。未被删除的后段音乐会自动移动到音轨最前面。

5. 特效处理

（1）淡入淡出。给背景音乐做淡入和淡出的效果，使背景音乐在持续时间内逐渐增加或减小其幅度，这样可以避免突然开始或突然停止的感觉。进入背景音乐的音频编辑模式，在轨道上按住鼠标左键不放，拖动鼠标选择需要进行淡入处理的波形，然后执行"效果"→"振幅和压

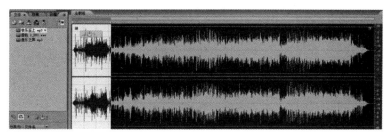

图 6-35　切割音频

限"→"振幅/淡化进程",弹出如图 6-36 所示的对话框。在"预设"中选择"淡入",最后确定。同样的步骤进行"淡出"效果处理。

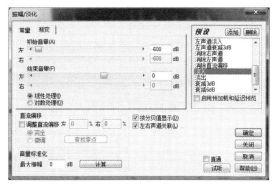

图 6-36　淡入效果

（2）回声。录制好的声音听起来会有点单薄,可以通过增加回声效果使其变得更加丰满。进入录音音轨的音频编辑模式,执行"效果"→"迟延和回声"→"回声",在弹出的对话框中,通过边调节边预览效果进行设置,直到满意为止。

6. 降噪

在录音波形上选择一段没有人声的波形,如图 6-37 所示。执行"效果"→"修复"→"降噪预制噪声文件"后确定。然后全部选中录音波形,执行"效果"→"修复"→"降噪器（进程）",在弹出的"降噪器"对话框中单击确定,如图 6-38 所示。

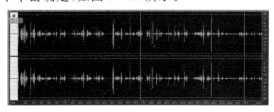

图 6-37　选取没有人声的波形

7. 混缩并导出音频。

选中"文件"→"导出"→"混缩音频",弹出如图 6-39 所示的对话框,"范围"选择"整个对话",然后选择保存的路径和"保存类型"后单击"保存"按钮。至此"我爱我的祖国"为主题的配乐朗诵即可完成。

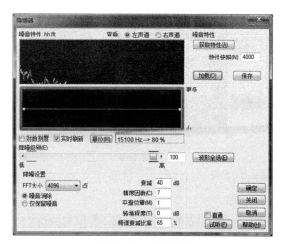

图 6-38　降噪器

图 6-39　导出混缩音频

任务四　制作电子相册

通过使用 ACDSee,可以将自己喜欢的照片创建成幻灯片进行放映或者制作成计算机屏幕保护程序。利用这一功能,可以方便、快捷地制作自己个性化的电子相册。

①首先在计算机中新建一个文件夹,然后将自己用 DC 拍的数码相片复制到其中。

②在 ACDSee 浏览器窗口中选中所有相片,用前面介绍的方法统一调整所有图像的大小,以防止大小不同的相片影响观看效果。这里可以设置像素大小为 800×600,并设定调整后的图像保存到另一个空文件夹中。

③再次在 ACDSee 浏览器窗口中选中所有调整好的图片,单击"创建"→"创建幻灯放映文件"菜单,弹出"创建幻灯放映向导"对话框,如图 6-40 所示。可以看到 ACDSee 能创建三种格式的幻灯片,一种是可以在任何电脑上直接运行的".exe"格式,一种是 Windows 的屏幕保护程序".scr"格式,还有一种则是 Flash 动画".swf"格式,用户可以根据实际需要来进行选择。本例选择创建屏幕保护程序。

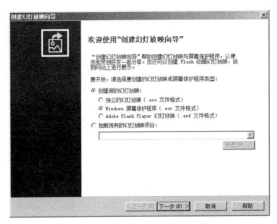

图 6-40 "创建幻灯放映向导"对话框

④单击"下一步"按钮,打开如图 6-41 所示的对话框。在该对话框中可以查看所选择的图片,单击"添加"按钮还可以继续添加更多的图片。

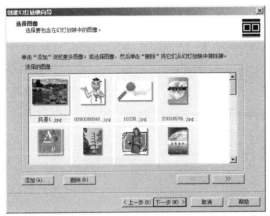

图 6-41 选择图像

⑤确认所有需要的图片都已经被选择,然后单击"下一步"按钮,打开如图 6-42 所示的对话框,为幻灯放映中的图像设置转场效果、显示的标题以及播放音频剪辑等特有选项。单击图片旁

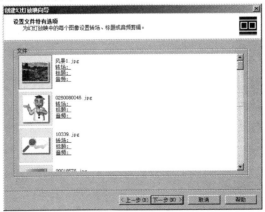

图 6-42 设置文件特有选项

边的"转场"、"标题"、"音频"字样即会弹出相应的对话框,进行相应的设置。为了让电子相册达到一个较好的视觉效果,本例设置转场效果为"(随机)",如图 6-43 所示,并勾选"全部应用"。

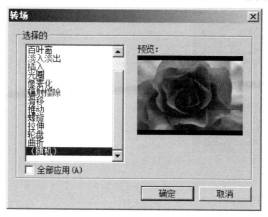

图 6-43　设置转场效果

　　⑥设置完成后,单击"下一步"按钮,打开"设置幻灯放映选项"对话框。在"常规"选项卡中设置幻灯放映时图像的持续时间与背景音频等,如图 6-44 所示;在"文本"选项卡中设置幻灯放映时图像的页眉与页脚等,如图 6-45 所示。

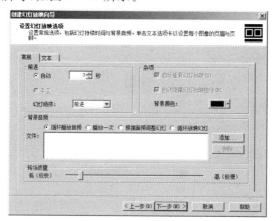

图 6-44　"常规"选项卡

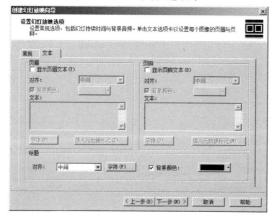

图 6-45　"文本"选项卡

⑦单击"下一步"按钮,设置好该电子相册的存放位置后,ACDSee 会对所选相片进行处理,并保存到指定位置。幻灯放映创建成功后,会弹出如图 6 - 46 所示的对话框。勾选"安装为默认的屏幕保护程序",并单击"安装屏幕保护程序"按钮,即可将我们刚创建的电子相册设置为 Windows 的默认屏幕保护程序。当你的计算机在设定的时间内没有响应,则系统会自动运行该屏幕保护程序,让你在工作、学习之余欣赏到自己制作的精彩电子相册。

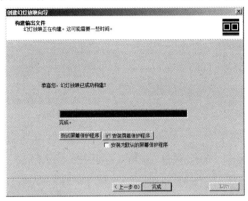

图 6 - 46　加载屏幕保护程序

任务五　Nero－Burning Rom

一、使用 Nero 刻录

Nero－Burning Rom 可以说是目前支持光盘格式最丰富的刻录工具之一,不仅性能优异,而且功能强大。它可以制作数据 CD、Audio CD 或是包含音轨和数据两种模式的混合CD,还可以制作 Video CD、Super Video CD、可引导系统的启动光盘、Hybrid 格式 CD 和 UDF格式 CD 等。

本节以 Nero 8.0 为例,介绍刻录普通数据光盘、刻录多区段光盘、刻录音乐 CD、刻录VCD 和刻录自启动光盘的方法。

二、刻录数据光盘

在计算机中保存的任何数据都可以刻录到光盘中进行保存,包括应用程序文件、可执行程序、影音文件、图像以及文件夹等。正确刻录后,将刻录盘放入 VCD/DVD 光驱中时可浏览刻录到盘中的数据。下面以实例形式介绍一下用 Nero 刻录数据光盘的方法。

应用 Nero 8.0 刻录一张 Office 2003 安装程序的数据光盘。

(1)启动 Nero 程序,单击右上角的 CD 图标,确认当前刻录对象为 CD－R(将 CD－R 放入刻录机中),单击"应用程序"中的 Nero Express 应用程序。

(2)打开如图 6 - 47 所示的 Nero Express 窗口,单击"您想要刻录什么"列表中的"数据光盘"选项。

(3)选择"数据光盘"选项。

(4)打开"光盘内容"窗口,单击"添加"按钮,打开"选择文件及文件夹"窗口。

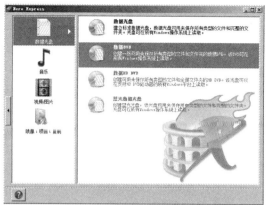

图 6-47　Nero Express 程序界面

（5）选择需刻录的文件及文件夹，单击"添加"按钮，将刻录对象添加到光盘列表中。添加完毕，单击"已完成"按钮，回到"光盘内容"窗口，如图 6-48 所示。

图 6-48　添加文件到列表中

（6）单击"下一步"按钮，打开"最终刻录设置"窗口，如图 6-49 所示。在"光盘名称"文本框中输入自定义的光盘名称，在此输入 Office 2003。

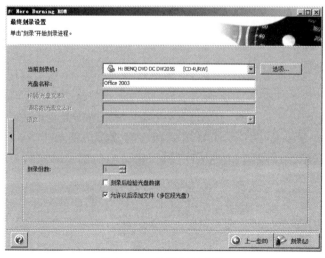

图 6-49　设置刻录参数

（7）默认选择"允许以后添加文件（多次记录光盘）"复选框，表示可以向该光盘中追加数据，即进行多区段刻录。因为 Office 2003 安装程序几乎占满了整张 CD 的空间，不宜追加任何数据，所以取消选择该复选框。

（8）默认状态下，刻录份数为 1，如果需要刻录多份，可直接输入份数值。

（9）选择"刻录后检验光盘数据"复选框，表示刻录完毕后尝试读取检验刻录上的数据是否正确，以确保刻录成功。

（10）确认设置无误后，单击"刻录"按钮。

（11）Nero 自动搜索刻录机，未搜索到可刻录的空白光盘时，自动弹出提示对话框要求用户插入空白光盘，放入空白 CD－R 光盘，稍等片刻提示对话框自动消失。

（12）由于选择了"刻录后检验光盘数据"复选框，刻录完成后 Nero 会自动读取刻录盘上的数据以验证是否刻录成功，验证无误后弹出提示对话框提示用户已刻录完毕。

（13）单击"确定"按钮，返回"刻录完成"窗口。Nero Express 提示刻录过程完成，Nero Express 程序会自动将刻录盘弹出。

（14）单击"下一步"按钮，打开提示对话框，询问用户是否要保存项目，单击"否"按钮。

（15）弹出"保存项目"对话框，询问用户是否要保存项目，单击"否"按钮。

（16）回到 Nero StartSmart 界面，单击"退出"按钮退出 Nero 应用程序。

三、刻录音乐光盘

Nero 可刻录的"音乐"类型的光盘包括音乐光盘（Audio CD）、音频与数据光盘、MP3 光盘、WMA 光盘和 Nero Digital Audio 光盘等。

1. 刻录音频与数据光盘

一张既包含音频又包含数据的光盘，被称之为混合光盘（Mixed Mode CD），其特点是只能有一个区段，但该区段可以有多个轨道。混合光盘将数据放在第 1 个轨道上，而音轨则从第 2 个轨道开始依次往后放置，混合光盘的模式如图 6－50 所示。值得注意的是，混合光盘只能使用电脑播放，不能使用 CD 播放机播放。

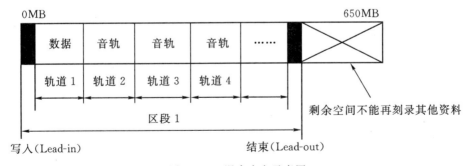

图 6－50　混合光盘示意图

混合光盘最典型的应用是制作带有音轨的游戏光盘或教育软件光盘，这类光盘的数据部分通常用来演示程序，而音乐部分则充当背景音乐。

2. 刻录混合光盘。

（1）启动 Nero 程序，单击右上角的 CD 图标，确认当前刻录对象为 CD－R，单击"应用程序"中的 Nero Express 应用程序。

（2）打开 Nero Express 窗口，单击"您想要刻录什么"列表中的"音乐"选项。

（3）从弹出的级联菜单中选择"音频与数据"选项，打开"我的 CD-Extra"窗口。

（4）单击"添加"按钮，打开"选择文件及文件夹"对话框，从中选择要添加的音频文件，单击"添加"按钮。

（5）添加完毕，单击"已完毕"按钮，Nero 自动弹出"新增文件"对话框，分析添加的义件，分析完后打开"我的 CD-Extra 数据内容"窗口。

（6）双击 CDPLUS 文件夹，单击"添加"按钮，打开"选择文件及文件夹"对话框，选择要添加的数据文件，单击"添加"按钮。

（7）添加完毕，单击"已完成"按钮，回到"我的 CD-Extra 数据内容"窗口。

（8）以同样的方式，双击 PICTURES 文件夹，向其中添加所需的图像文件。

（9）完成图像添加后，单击"下一步"按钮，打开"最终刻录设置"窗口，根据前面的介绍进行设置。

（10）单击"刻录"按钮，开始刻录。

（11）刻录完毕。

3. 刻录 MP3 光盘

如果想让刻录到光盘中的 MP3 格式音频既可以在计算机中播放也可以在 CD 播放机中播放，那么可使用 Nero 中的"音乐/MP3"功能选项。

（1）启动 Nero 程序，单击右上角的 CD 图标，确认当前刻录对象为 CD-R，单击"应用程序"中的 Nero Express 应用程序。

（2）打开 Nero Express 窗口，单击"您想要刻录什么"列表中的"音乐"选项。

（3）从弹出的级联菜单中选择"MP3"选项，打开"我的 MP3 光盘"窗口。

（4）单击"添加"按钮，打开"选择文件及文件夹"对话框，从中选择要添加的 MP3 音频文件，单击"添加"按钮，如图 6-51 所示。

图 6-51　添加 MP3 音频文件

（5）添加完毕，单击"已完毕"按钮，Nero 自动弹出"新增文件"对话框，分析添加的文件，需要添加的文件全都分析完毕后,回到"我的 MP3 光盘"窗口。

（6）完成 MP3 音频文件的添加后,单击"下一步"按钮,弹出"警告"对话框。

（7）单击"确定"按钮,进入刻录设置对话框。

（8）单击"刻录"按钮,开始刻录。

四、刻录已保存的项目

所谓已保存的项目在这里指的是应用 Nero 进行刻录设置后保存起来的刻录信息,以文件形式存在,根据项目类型的不同扩展名也不同,例如:数据类型光盘项目扩展名为"＊.NRI",DVD 项目扩展名为"＊.NRV"。可以方便用户下次刻录时调用,无需进行再次添加文件操作。

参考文献

1. 聂丹,宁涛.计算机应用基础.[M]北京:北京大学出版社,2010.

2. 边新红,刘玉章.计算机基础.[M]北京:机械工业出版社,2012.

3. 刘宏.计算机应用基础.[M]北京:机械工业出版社,2010.

4. 郭建伟,向渝霞.大学计算机应用基础.[M]北京:清华大学出版社,2010.

5. 陈勇.计算机基础.[M]天津:天津科学技术出版社,2011.

6. 王家海,邓长春.计算机基础.[M]沈阳:东北大学出版社,2010.

7. 单继周,程建军,莫小群.计算机应用基础.[M]成都:电子科技大学出版社,2011.

8. 郭秀娟等.大学计算机基础.[M]北京:清华大学出版社,2012.